焦慮症與我

解構、探索、療癒

U0061971

苗延琼
梁家揚

著

序　宗教 · 修行 · 存在焦慮

關俊棠

神父、人格及心靈導師

沒有人能倖免於焦慮。

- 小時候，不小心弄破了家中的花瓶，怕被爸媽責罰，焦慮。

- 每次測驗考試前，有溫習不完的功課，焦慮。

- 畢業後，見第一份工及往後每一次見工，雖然自覺準備充足，心仍是戰戰兢兢的，焦慮。

- 第一次和男 / 女朋友約會，心中既興奮，也有不安，焦慮。

- 爸 / 媽最近身體檢查，驗出有高危的病症，焦慮。

- 經濟不景，公司財政緊絀，可能會縮減人手，焦慮。

……

例子可以繼續下去。

根據 2018 年香港青年協會出版的《情緒字典》，對「焦慮」的解釋是：

「焦慮是由緊張、不安、擔心、害怕等感受交織而成的情緒

狀態，或會伴隨心跳加速、呼吸困難、冒汗、顫抖等生理反應。

「焦慮和擔心同樣是生怕有不好的事情發生，但焦慮通常缺乏客觀理據。家人偶然夜歸，感覺擔心原屬正常，只要家人平安返家，憂慮就會減退。如果平白無事仍持續擔心家人的安危，腦中不時閃過家人發生意外的畫面，甚至家人明明坐在身旁，也會心想說不定明天就會有甚麼意外帶走他們，整個人被一種過度擴張的恐懼和憂慮籠罩著，無法自控，就是焦慮。」

在香港這個生活高度忙碌的社會，不知從哪時候開始，人們因為芝麻綠豆大的事，就會被搞得坐臥不寧。焦慮，這種過份的擔憂和不安，已經成為現代人普遍存在的「心病」。香港人為了生計，不得不辛苦奔波。如此給自己增添了不少壓力，大家普遍認為「力爭上游」才是到達幸福彼岸的唯一途徑。現代社會的殘酷競爭無時不在，無處不在：人們工作透支，情感透支，健康透支，出現在學業與就業，工作和家庭，物質與精神生活得失上的諸多矛盾，導致我們對即將發生的事情缺乏判斷，認為自己無法找到解決的辦法；對自己要求高或被要求高，又因達不到要求而充滿自責。天天疲於奔命，卻依然陷入顧此失彼的局面……於是我們開始擔心事業失敗、擔心失業、擔心失戀、擔心交通意外、擔心自己會得到甚麼重病、擔心沒有購房的能力或將來漲價了更買不起……人們陷入了毫無理由的杞人憂天心理中無法自拔，久而久之，開始了與焦慮症的持續博弈，更糟的是晚晚與焦慮同眠！

走筆至此，讀者也許會明白焦慮其實是我們生存生活現實的一部份，健康正常的焦慮有助人自保和避開危險，居安思危；但不健康的焦慮情緒就會影響生活、人際關係及工作效率，甚至身體健康，那就須及早尋求診治。

焦慮症與我：
解構、探索、療癒

然而，生命裏存在着一種更深層的焦慮，心理學家稱之為「存在焦慮」（Existential Anxiety）。存在心理治療大師歐文・亞隆（Irvin D. Yalom）所指出存在於人心底深處的四個基本擔憂 （Existential Concerns），能引發出存在焦慮，它們是「死亡」（Death）、「自由」（Freedom）、「孤立」（Isolation） 和「無意義感」（Meaninglessness）。

筆者想把亞隆這四個概念性字眼，改成較生活化的「怕」，即：「怕死亡」、「怕失去自由」、「怕被孤立」和「怕不知道活着為何」，並以此作為探索與宗教及修行之間的互相關係，即宗教和修行如何可以幫助人面對及處理存在的焦慮；與此同時，正因為沒有人能幸免於日常的及存在的焦慮，焦慮正好給宗教和修行提供其存在的需要和價值所在。

面對上述四種存在焦慮擔憂，宗教能否在意義上提供一種另類的解讀，而宗教的靈性修持功夫又可否舒緩甚至撫平各種焦慮帶來的傷痛？筆者認為答案是肯定的。宗教，為存在焦慮，提供意涵及另一種生活態度的可行性，而靈性修持，卻是為克服存在焦慮提供一些具體方法和思想指導。不過在肯定的同時，也必須誠實地指出，宗教在詮釋上述存在焦慮的各種原因時，因為強調信息來自神的啟示而過於自信和獨斷，反而有時會令信者產生更大的焦慮而非釋放；而靈性修持運用得不恰當或流於機械化時，又會易成為人逃避苦難的有限的安慰劑、止痛藥，而非固本培元的根治良方。

讓我們首先看看懼怕死亡的焦慮。

雖然人人都知道人終有一死，但那些不願意接受生命會有終結的人，易造成生理和心理出毛病。接受死亡是生命的一部份，幫助人活出一個真摯而不自欺的人生。接受死亡的事實不只

是知道自己時日無多，而是不為存在的得失所束縛，如何活好我的有生之年才是最重要。人心底深處總有種若隱若現，期盼「永生」及「不朽」的渴望。而對時間、愛和死亡的反思，有助人更好地拿捏生活中甚麼是重要，甚麼是次要。

許多偉大的宗教傳統，對死亡都不約而同地有個共識，即：死亡只是生命的改變，並非毀滅。人死並不是灰飛煙滅，此生後仍有來生的存在。無論是天堂地獄或輪迴再世或西方極樂，均以不同象徵來形容生命有 Take Two, Three, Four⋯⋯的可能。這種可能性能帶給人一種意想不到的積極性：此生自覺活得不夠好，來生仍有機會學習活得好一些；自覺此生未能答謝於我有恩的人，來生可還有機會回報；此生活得一塌糊塗，來生得加倍努力；此生活得太苦了，來生可學智慧一點，別讓病苦拖累自己一生⋯⋯。各種宗教均以不同方式在暗示在提醒我們，人生數十載的此岸後仍有彼岸的存在。每一次的此生此世均是我們不斷學習做人的歷程，學習種善積福的課堂，好讓我們能跨越這份存在的焦慮，並對生命永持希望。

從靈性修持的角度看，針對「害怕死亡」，最有力的方法就是不逃避去正視死亡。每次參與親人朋友的喪禮時，都是一個很好的機會，去親近一下死亡這個事實。「今夕吾軀歸故土，他朝君體也相同。」和親人朋友不時討論一下甚麼叫做「好死」；隔幾年翻新一下自己的遺囑，添加一些有趣的事項在內，為自己寫個墓誌銘；現在就要學習放下怨懟，學習寬恕，別帶着怨憤和不甘離開人世；不必要死而無憾，因為人生很難沒有任何遺憾，安然接受這些遺憾，一如親友為你送上的鮮花！更加重要的是，好死不如好生，努力在你有生之年，儲備多些美好的回憶，好讓你走後，你的親人和朋友每次想起你時都不約而同説：「我真幸運，曾有你做我的親人好友、同事、長輩、老師⋯⋯。」最後，請謹記：「愛在生命未了時！」

焦慮症與我：
解構、探索、療癒

第二個存在焦慮就是怕失去自由。

自由是人與生俱來的渴求。「不自由，毋寧死」，怕失去自由，是做成焦慮其中一個主因。自由是推動人意志、運作的動力所在。有得選擇總比沒得選擇來得好。自由可幫助我們在孤立中如何理順自己的責任，這包括無論人如何聆聽別人的見解，最終還是跟隨了自己的抉擇。不過這種對自由的渴求也會有退縮的可能。因為，要認真面對自己的存在和成長，許多時都是很累人的甚至很嚇人的；有時人為逃避這累人的過程，寧願放棄自己的自由，把自己交託給不同形式的權威、領導、專家、偶像……來換取無須吃苦的人生。不願擔起或放棄選擇的自由的人，最終受害的是自己。一頭餓得飢腸轆轆的騾子，站在兩個同等距離的青草堆前，最終餓死。

說到「自由」，世界各大宗教信仰傳統均指出在浩瀚的宇宙中，總有一個源頭，也就是生命之能夠出現的第一因，慣常被稱之為創造者、神明……。而所有宗教均教導人須「敬天」、「愛人」、「忘我」及如何趨善避惡。在如此的大前提下，人的自由並非無限，人所擁有的不是為所欲為的自由，而是在善惡之間作出選擇的自由。神不會強制我不做壞事，也不會強迫我一定要做好事。做與不做，取決於我。當然善惡正邪有時並不清晰，但正因如此，人必須學習敢於選擇，然後在選擇後出現的後果時，評價自己的選擇是否正確，並勇於修正選擇，從而培養出健康正確善用自由的能力。與其為怕失去自由而焦慮，宗教鼓勵人珍惜上天賜予每個人都擁有的這份善惡間作選擇的自由。

不想失去自由，首先，生活中要培養出「自律」的習慣，能幫助我們更懂得運用我們擁有的自由，即選擇的自由。自律就是一個人能延遲滿足，不貪圖一時之快的能力。這意味着，

自律能力幫助一個人成為自己本能和意欲的主人而不是它們
的奴隸。例如「食」和「性」都是人的基本需求，但人總不
能因為餓就搶食，一有性的需要就不惜一切去追求肉慾的滿
足！自律幫助我們在消費、工作、飲食以至生活起居上作出
恰當的調適，避免過份或不足。學習慎思明辨，不人云亦云，
不羊群心態，獨立思考……都有助我們知所取捨，不失自由
的本質。

最後，有一種叫「內在自由」，那就是當一個人自覺自己的
所作所為，對得住天地良心，問心無愧。那麼，無論是囚禁，
是迫害，是被監控，都不能削弱其內心的清明與平安，這是
自由中的極品。古今中外，所有那些為正義、真理、人的尊
嚴而奮鬥卻被封殺其「外在自由」者，都從未有失去過他們
的內在自由。

第三個存在焦慮是怕被孤立。

活在人群中卻缺乏了人際互動關係，這是孤單；自我切割，
不願與任何東西建立關係，這是孤立；站在天地之間，無人（包
括愛和關心自己的人）能取代自己去面對生命的成敗得失，
愁苦與喜樂，生與死的現實，是為存在的孤獨。海德格曾說：
「每個人出生時都與其他人無異，死時卻只能孤身上路。」
怕被孤立，致令人要埋堆，要選邊站；而孤單則是很難受的
一種感覺；唯有當人能接納自己是獨一無二，既非孤島但同
時也是個孤島時，才能超越怕被孤立和不再龜縮在孤單寂寞
中。

「怕被孤立」，是人之常情。每個人既要懂得獨處，也更需
學習群居。我們是在群體的互動中成為人，成為自己。每個
人固然都是獨一無二的，但同時也是生命共同體的一分子。

焦慮症與我：
解構、探索、療癒

自我孤立和自覺被孤立都是一件很可怕和難受的事。基督宗教信仰把人神的關係升格為親子關係。神是父母，人是祂的子女，人與人的基本關係是兄姊弟妹。神的別名（nickname）叫厄瑪奴爾（Emmanuel），意即上主與我同在。神愛世人，世人即所有人，不只限於信徒；人好，神愛錫；人不好，神也愛錫。神不會為人遮風擋雨，也不會站在火山口按住不讓它爆裂；但神會與人風雨同路，並在那些因天災人禍中受苦哭泣的人當中，與他們一起受苦哭泣。人與人之間打破孤立的是走出自己，走向他人，並視陌生人為自己尚未遇上的親人。人人愛人如己，如此，何來孤單，何來孤立?!

不想被孤立，那就得首先要不怕做個孤獨而不孤單者。海德格說得好：「每個人出生時都與其他人無異，死時卻只能孤身上路。」人的群體性內在地催動我們要找認同自己的人，視我為有價值和值得被愛的人。當這些基本需要（basic needs）得不到滿足時，我們會感到孤單，感到被遺棄，感到自己沒價值……。我們於是拚命以工作，以成績，以別人要求於我的標準來生活，以良好的表現……為向別人訴說我的存在，我非透明！然而，越是如此，我們就越怕被拋離，怕被視為無能！只有當人能（選擇）不再依附別人而活，不再隨着別人的音樂來起舞，能跳出自己生命之舞時，他才能真正擺脫對孤獨的害怕，對孤立的逃避，對孤單的恐慌。學習「認識自己」多一些，「了解自己」多一些，後而「接納自己」多一些，是讓自己能「站起來」的唯一辦法，也是人成長成熟的基本功。

還有是，多親近「善知識」。這裏所言的知識不單只是認知層面上的知識和學問，更是指賢人智者，啓發人心的作品和網上資訊，健康的環境與制度……。善知識常在，只因我人的生活太忙碌忙亂，以致經常都與之擦身而過。久而久之，

弄得人精神貧乏及營養不良，更難面對存在的孤獨。

最後，中外古今所有宗教的靈修傳統都強調「祈禱」及「冥想」的重要。祈禱是與神同行，是培養以神的眼光和胸襟來凝視眾生，以祂的心腸來擁抱世界的一種心靈轉化，而冥想則有助我們更深層地透視自己，學習不我執的一種很棒的鍛煉。

還有，每天給自己三個 10 分鐘的約會時間，也是一種簡單又易為的修行。第一個 10 分鐘是和自己有約，用 10 分鐘作反思或自我交談，或乾脆自我清空；第二個 10 分鐘和神有約（如果你沒有宗教信仰，10 分鐘和大自然有個約會也很有意思；大自然不一定要到郊野，你屋苑下或附近的公園都是很不錯的大自然）；第三個 10 分鐘是和自己所愛的人有約（親人或好友），作優質的溝通交流、分享內心世界。若你堅持，將會發現你的生命在不知不覺間起了質上的轉化。

也許，意義感的缺乏，是存在焦慮中的重中之重。

「怕不知道活着為何」。缺乏意義感，就像一根根去了芯的蠟燭，點燃不起來。存在意義對每個人來說都十分重要。我來此世走一回，究竟意義何在？尋到意義，就是找到了價值的所在：人生的苦樂，經驗過的與未知的，能掌握的不能掌握的，一切都是值得，此生無憾！然而，有些心靈卻是空蕩蕩的，我從何而來，往何處去；人為何要受苦，死後何去何從，做人為甚麼這麼累……？不少人，大半生都不時被這些問題纏繞着甚至折磨着，造成深層次的焦慮。無意義感會癱瘓一個人的創意及生命力，因循，了無生趣，世界於我何干？！

「怕不知道活着為何」的確是令人很苦惱的感受，也是影響心理和精神健康的原因之一。意義感，令人心有所安，心有

所託。在人類現代歷史不止一次的殘酷劫難中，有些人劫後餘生仍能活得正常甚至活得精彩，研究發現意義感是其中一個非常關鍵的因素。在面對人生的大苦大難，以及多次莫名其妙的空虛感時，宗教信仰能提出不同的解讀，讓受苦的心得到舒緩，虛空的心得有所安託，姑勿論這些解讀是否適合每一個人，但總有人能在這些解讀中找到適切的指導，從而跳出自我苦困與虛空的沉溺。宗教信仰還可以在某程度上，直指你我生而為人的價值所在，那就是：人活着，就是要使別人活得快樂一些。人人為我，我為人人；又或⋯⋯活着，就是為給這個世界，創建地上天國，人間淨土⋯⋯。

靈性修持對不知道自己活着為何的人來說，會是一個很好的出路。有三種途徑助我們破解無意義感。

首先，探研各偉大宗教教義中，對「人之為人」最基本的看法是甚麼，並作比較，看哪一種解釋較接近自己的認同，並進一步研讀，有助發現自己生而為人的意義。切忌一開始就把宗教、靈修視為迷信及不科學。然後誠實地問自己以下的問題：「我為誰而活？」「為甚麼（乜嘢）而活？」「這誰，這甚麼，我甘心嗎？」這是一個很好的練習。不時，特別是諸多抱怨時，多問自己幾回！甚麼才是我來此世走一回的目標，甚麼才是我活着的意義？

一位美籍作家布希納（Frederick Buechner）的回應，可能是一個很好的參考。他認為人能找到自己生命的意義就在「內心深處的喜悅，與世界最深層的需要接軌之處」。〔"Vocation（召命）is where your deep gladness meets the world's deep need."〕原來，每個人在生命不同的階段裏都要回應當刻世界最深的需要。人在求學的階段，世界最深的需要就是作為學生的好好投入知識的獲取以裝備自己，為未來打好

基礎；到適婚年齡，與深愛的人結為連理，世界那時最深的需要就是這對年輕人好好去經營這頭家，夫妻恩愛互補，讓孩子健康成長！職場上，工作間，世界最深的需要就是各人運用好自己的專才專業，促進社會整體的發展；而到退休之年，世界最大的需要就是這群經歷豐富的人，退下到第二線，扶助後進，讓他們更上一層；做領導階層的，世界最深的需要在於他們能令被領導的人發揮到最好……。然而一樣十分重要的條件必須同時出現，才能讓這些對世界最大需要的回應，成為人活着的意義所在：內心深處的喜悅，哪怕回應世界最深層需要是一件最神聖的行為，但如果沒有了同時內心深處的喜悅的話，意義感就無法出現，哪怕人做着的是最神聖的事!!

最後，好事多為，不為甚麼。我們慣常都是因為怕麻煩或自私，而錯過了許多次做好事，講公道話、讚賞話的機會。沒有了助人為樂的喜悅，漸漸生活失去了驚喜和感動，日趨平淡沒趣，乾枯……找不到自己生存的價值。

存在焦慮是人類一種深層次的不安狀態。畢竟，面對死亡，活得自由，免除孤獨和生而為人的意義何在……等都是生命的大哉問（ultimate concern）。從小到大，人總得面對這四項挑戰。回答得好的人，活得較健康安詳；回答不到的，日子就較難過；回答錯了的，甚至會造成身體與精神出毛病！宗教在回應上述的大哉問時，能提供不少值得參考的經驗與智慧，而靈性修持更協助求問者，有勇氣和能力，繼續去上下求索，最終找到自己的答案。不過，有一點必須弄清楚的是：修行，無論哪一門的修行，卻不是一蹴而就，唾手可得，它並不符合現代人甚麼都要「快靚正」的要求。修行是一種細水長流、不即時見效，以龜速牛步來逐漸轉化自己的功夫。功夫本身並不複雜，但其貴也只在「有恆」，有點像中藥，有

點像健身美容。以上介紹給大家的修行方式，並不獨斷，修行有千百來種，找到適合自己的去修，持之以恆，久而久之，存在焦慮中的四個怕，反而讓我們學到有更大的內在空間，來擁抱生命，珍惜內在的自由，促成天人物我的結連，找到自己的心之所託，心之所安。最後，跳出焦慮的魔咒，還我自由，與眾生生死相伴，從而發現自己存在的意義和喜悅。

後記：

首先感謝苗延琼醫生邀請筆者在她和梁家揚博士合著的這部作品裏加插了這篇序文。筆者並非醫生，也不是心理學家，作為一名致力於實踐自己信仰的尋道者，旨在為身處不同程度焦慮中的朋友，提供一種另類的生活觀點及生活方式的可能——既沒有強大的數據支持，也沒有提供快速立竿見影的治療方法。然而本文所觸及的都是中外古今歷來修行者們寶貴的生活實踐體驗及生活智慧，是從根本處去協助人面對生命大大小小挑戰所帶來的焦慮。祝願讀者能在其中得所感悟和釋懷，活得安樂自在！

一份心靈的禮物

苗延琼

我有一個同事 William，他是一個臨床心理學家，他和太太 Eunice 都懂得皮紋分析，那是綜合大腦科學、遺傳學及行為科學的一門知識。有一次我和他們跟另外一些朋友一起吃飯，Eunice 拿着放大鏡幫我分析手指皮紋，看了以後，默不作聲。

待其他朋友離開之後，Eunice 才跟我説：「苗醫生，你的聽覺和邏輯思考很強，不過你的視覺和情緒控制很弱。」

真是意想不到，一個精神科醫生自己沒有好的情緒控制？一定是 Eunice 看錯了！

我沉默了一會兒，就對他們説：「對，我情緒控制確是不好！」

應該在只有十八、九歲的青少年時期，我就患上焦慮症。

寫這本書的時候，就像一次自我回顧、探索、療癒。

記得我第一次經歷徹夜失眠，是在中四考生物科的前夕。我在狹小的書桌上，微弱的枱燈光下，拚命衝刺。

那個晚上很寒冷，半夜回到床上睡覺，一個人瑟縮在被窩裏，

焦慮症與我：
解構、探索、療癒

手腳都很冰冷。我整晚失眠，輾轉反側……可幸的是，在翌日考試的表現並不太差。

我很幸運，因為我很「正常」，有良好的品行和學業。我在中學時期，因為沒有補習老師，遇到數理化不明白的地方，都會嘗試自己找解決辦法。而我的「秘訣」，就是看課外書。我在荃灣的一間書店，一口氣買下了內地出版整套簡體字版的物理自學叢書。就這樣，我把中學物理學的概念，自己在上課前已經弄明白。現在我看簡體中文也毫不費力。

那時的我，充滿自信：有一種駕馭感、超然感。記得班上唸理科的只有不出十個女生，而她們的成績都不大好！

升上預科時，班上全是精英，我的自信心和超然感突然蕩然無存。不知甚麼時候，我感到整個人集中力下降，身體不舒服，渾身不對勁。心裏吶喊：

「胸口很翳悶！呼吸有點困難！」

「喉嚨好像有硬物堵塞，像被『鎖頸』般！」

「糟糕！我的集中力下降，唸書的效率下降……」

因此我除了唸書和返教會，幾乎甚麼也無法兼顧。強烈的焦慮是一種很「內耗」的情緒。

我發現在畢業紀念刊物上，當時的同窗、現在已經是著名牙醫的周國輝，把我繪畫成一條書蟲：戴上一副大眼鏡、揹一個書包，裏頭爬出幾條蟲。

所以我的中學生涯，除了唸書以外，就是掙扎地跟焦慮過着

不開心的日子。我拚命想重拾中四、中五時唸書的優越感，我把精神寄託在學業上。而我的減壓的方法很有限：一是看《聖經》、一是看課外書。記得那時我最喜歡台灣作家張曉風的散文集，這些書本讓我的精神世界可以抽離一下令人苦惱的現實。

我出身草根階層，正如那個年代大多數的父母，雙親的知識水平都不高。他們為了生計已經疲於奔命，我根本沒法與他們談論我的問題，更遑論找心理醫生諮詢。

於是我又回到書本上去找答案。我到荃灣福來邨的公共圖書館去看醫學書籍，隱約覺得自己可能有「精神衰弱」。

因為這樣，我的中學生活乏善可陳，我對母校也沒有甚麼歸屬感。

進了大學醫學院，我在填寫志向抱負時，就直截了當地填上：我要當精神科醫生。那個時候，成績好的醫科生都不願意入精神科，所以別人感到很奇怪。

「只要有一點點精神困擾，你的生活質素都會受到很大的影響，你不能充份發揮自己所長，也難以跟別人建立良好的關係。」

其實這正是我自己這些年來痛苦掙扎的寫照。

跟在中學時期一樣，我在大學時也被形容為「潛水艇」——只懂得唸書。

焦慮症與我：
解構、探索、療癒

我對未來有很多憂慮，在人際關係上也很敏感，時常感到別人不喜歡自己，其實問題出於自我形象很低落。

我那時的出路就是信仰，不過是很表面的信仰。「這個人不愛神，那個人只顧着拍拖……」這些批判別人的想法，只是因為自卑，卻以信仰去妄自稱義。

在大學二年級時，同窗好友賴雪雲給我來了一個當頭棒喝：「阿May，你不像黃亭亭（現在很著名的外科醫生）和劉玉鳳（一位委身信仰的婦產科醫生），你事事埋怨，一點也不像一個基督徒！」

這是我信仰的一個很重要的轉振點。

> 你開廣我心的時候，我就往你命令的道上直奔。
>
> 詩篇 119 篇 32 節

同窗好友賴雪雲醫生（圖左）在 2022 年初舉家移民外國，筆者趕緊約她在離別前見一面。

正如大多數焦慮症患者一樣，我的情況時好時壞，往往是隨着環境壓力而改變的。

最糟糕的時候，是在病房做實習醫生。因為長期缺乏睡眠，令情緒經常煩躁不安，同事都謔稱我為「Hitachi」：一撻就着。

有時候，半夜被 call 醒了，EQ 差的我便對病人和護士發脾氣；待處理過醫務之後又整晚「眼光光」，無法入睡。

「當遇到事情一『埋身』，你便很容易煩躁！」陳子揚醫生跟我說。

當然我並不受同事歡迎。有一次我的上司葉永玉醫生（現在是骨科顧問醫生）問我：「你將來想做甚麼科？」

「我想做精神科。」我答。

葉醫生鬆了一口氣：「那就好辦，沒有人會和你競爭，你想到那裏工作也容易安排。」

我選擇精神科，也是希望助人助己：試問誰人不希望能克服自身內在的弱點？親身的經驗，令我行醫時對別人更為真誠和更有說服力。

不過，當初我心底其實也是戰戰兢兢的，怕自己會受不了來自病人和病人家屬給我的精神壓力。

那時我的精神食糧是盧雲神父的書，其中一本書是《從幻想到祈禱：靈修生活的三個動向》（*Reaching Out - The Three Movements of the Spiritual Life*）。

焦慮症與我：
解構、探索、療癒

書中第一個動向是：由孤單到獨處（from loneliness to solitude）這是面對自己內心的轉化。

第二個動向是：由敵意到好客（from hostility to hospitality）這是面對別人關係上的轉化。

第三個動向是：由幻想到祈禱。這是面對神、與神的關係上的轉化。

孤單、自卑、焦慮的我，就是這樣成為了一個負傷的治療師（wounded healer）。

在往後的日子裏，我有幸能跟病人一起成長。

原來最令人困擾的病人，並不是那些聽到幻覺、語無倫次、行為舉止怪異的人。始終你跟他們心理上有一點距離。最令人感到不安的，是患上情緒病的病人，他們的痛苦掙扎是有感染力的。

「你很容易焦慮煩躁！」我精神科第一個導師吳漢城醫生跟我說。吳醫生已經在數年前心臟病發去世了。

「你很容易受人影響和傷害。」一位同事帶着戲謔的口吻對我說。

這我當然明白，我也不想的，我是多麼羨慕那些情緒穩定的人。

「若是我不受焦慮敏感的情緒影響甚至騎劫，我的成就一定

不止於此。」我的心總是感到不忿和戚戚然。

後來我領悟到：「精神科醫生也不一定是同一個模子出來的，我並不完美優秀，我不夠淡定穩重，但我肯定自己對這專業有熱忱和毅力。」

這些年，我抱着這份好奇心、好學不倦、執着堅持：我願意把病情複雜的病人「收歸己有」去跟進處理，這不是一時三刻的事，而是長年累月的事。當我遇上不懂的地方，就找資料和請教別人。

林翠華教授和鄧麗華醫生就是我最敬愛的良師益友。

多謝林翠華教授，是她在十年前介紹我做瑜伽減壓的，這運動令我獲益不少。

只是我意想不到，在高低起伏的人生中，我發現焦慮竟是一條通往自己內心深處的道路：在這過程中，我嘗試尋找各種不同方法去處理焦慮。同時，也跟別人分享當中的心得。

經過這些年，我跟「焦慮」的關係改變了：我對它友善了、包容了。在我最不確定與不安的地方，我慢慢地改變：原來我的人生在生命破碎的地方，以無法形容的方式拓展。

這些年來，我把這些焦慮視為對自己的挑戰，並藉着它而成長，成為一個更平衡、更有同理心、更有意義的自己：原來上主把我的弱點變成長處，在自己最掙扎的地方，成為對人對己最棒的禮物。

焦慮症與我：
解構、探索、療癒

我寫這本書，其實想點出這中心：

現代人，誰不感到焦慮的無處不在？

我相信，一個人最隱密的內心體驗，也許亦是廣泛、具普遍性的人類體驗！

嘗試以好奇心對待焦慮，你會找出它背後的寶藏，也許它是指往你內心的道路，讓你成為更圓滿的自己。

當然，在本書中，我會以案例去展示各種需要醫學治療的焦慮症狀況，它們在人生不同階段展現的面貌、以及各方面的治療方法。

當我們接受、面對恐懼、焦慮時，它同時也是一份心靈的禮物！

希望這本書能令你有所得益！

自**序** 應對焦慮

梁家揚

2020 年底，香港有新冠（Covid-19）疫情肆虐，當時我剛從美國回港，抵達後還要在檢疫酒店隔離 14 天，記憶猶新。沒多久便在苗延琼醫生醫務所擔任臨床心理學家。才上班第一個月，還在適應港鐵的急速扶手電梯。

一天，苗醫生跟我說，她正在籌備編寫一本關於焦慮症的書，邀請我寫關於心理治療的部份。

當時我的第一個心理反應就是焦慮！

的確，焦慮並不是焦慮症病人的專利，關鍵在於如何應對。

自新冠疫情在 2019 年底爆發，三年以來，世界各地的人民，包括我們香港人，都受到不同程度的焦慮所困擾。其中一個主要原因就是疫情為整個社會帶來的不確定性和不可預測性。

我實在想不出來，在過去幾十年間，有甚麼事曾影響到香港七百多萬人之中的每一人。

如果你是一名學生，從幼稚園生到大學生，你都不能確定你所就讀的班別、全校，甚至全港學校會不會在甚麼時候突然停課。

如果你已就業，由最基層的清潔工人，到十多萬政府僱員，以至各大小私人機構的幾百萬名打工仔，同樣地，都不知道僱主會否突然通知明天改為在家工作。

你想放工後和三五知己或家人在酒樓食肆聚餐，你要知道會否下午六點後已禁堂食，又或是四人限聚令已經生效。

如果你要外出，不管到樓下買外賣，還是拜訪重要客戶，甚麼都可以忘記，唯獨是不能忘記戴上口罩，否則「寸步難行」。

還有限制到安老院探親、到醫院探病的種種防疫措施，更別說影響紅白二事了。難怪乎疫情令香港每位市民都變得緊張、焦慮。

十多年前，我和太太 Eunice 做了一生最大的決定，就是偕同三名兒子移居美國。當時，去過洛杉磯和三藩市，才知道美國的房屋是用木頭建的。現在回想起來，都覺得當時的自己很無知。

因為不想小朋友學不成英文，最後選了華人不算太多的第三大城市──芝加哥。然後就是兩年的籌備：選區、買房、選校，報名、入學註冊等等。

在美國的日子，生活雖然緊湊、忙碌，但學習的過程，和兒子一同成長，一同生活的經歷，令我感覺非常踏實、滿足。

2020 年回港，這一年亦剛好是新一波移民潮的開始。不管是行家、朋友、個案當事人，每當聽到我剛剛回流香港，總會以詭異的目光看我，就好像我要自投羅網似的。

其實，當年我離開香港時，就決定了始終一天要回來。畢竟，香港才是我感覺最安全、自在、自由的城市，才是我最喜愛生活的地方，香港市民才是我最想服務的群體。

若有誰感到焦慮，不必擔憂，我們可以同行，一起應對。

「我是 Silver 小精靈，我一直在天堂活得無憂無慮，所以我很好奇，為甚麼人類有那麼多情緒煎熬。幸好我認識了 Dr. May，於是一天到晚纏着她問個不停。」

沒有人能幸免

Silver： 人類間最常見的情緒困擾是甚麼？

Dr. May：應該是焦慮！因為沒有人能幸免於它！

Silver： 為甚麼？

Dr. May：焦慮是一種指向未來，面對潛在威脅而產生的驚恐、害怕、擔憂、尷尬……等的情緒反應。它是「古老、天生的警報系統」，其實對人有保護功能。

Silver： 焦慮能保障人的生存！那是否越多越好？

Dr. May：答對一半！適度的焦慮帶來專注和動力，有助於解決問題。不過高度或不合乎比例的焦慮，會令人產生戰（抵抗，fight）、逃（躲避，flight）、嚇呆（freeze）等反應，令人飽受困擾。

「能力表現」跟焦慮感程度可以用一個倒轉的 U 形（curve）去理解。適中程度的焦慮感會改善工作表現；相反，過高的焦慮感會減低工作表現。

當患者的焦慮感高到一個程度，削弱當事人的工作表現，並同時引起精神和身體不適，就是患上焦慮症。

焦慮症與我：
解構、探索、療癒

壓力與表現的曲線

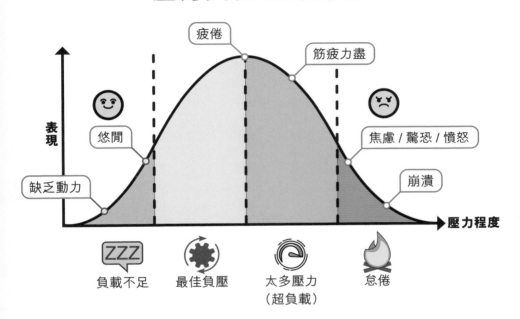

疲倦

筋疲力盡

悠閒

表現

缺乏動力

焦慮 / 驚恐 / 憤怒

崩潰

壓力程度

ZZZ
負載不足

最佳負壓

太多壓力
（超負載）

怠倦

Silver： 甚麼人容易有高度或不合比例的焦慮？

Dr. May：焦慮如氣質性情一樣，跟遺傳密碼 DNA 有關，也跟成長經歷和生活壓力有關。

Silver： 那麼，甚麼氣質性情容易有焦慮症？

Dr. May：性情比較神經質（neuroticism）的，不單是焦慮症的遺傳基因，也是抑鬱症的遺傳基因。

Silver： 那甚麼成長經歷會影響焦慮症？

Dr. May：若父母本身很焦慮，對孩子過份保護、有較多批評和作侵擾性的干涉，換言之較少給予孩子空間，都可能影響孩子患上焦慮症。

Silver： 若跟 DNA 有關，他們的生理反應有甚麼不同呢？

Dr. May：Silver 你問得好，各種焦慮症有「共同」的生物脆弱性（general biological vulnerability），也有「特有的」的生物脆弱性（specific biological vulnerability），這點容我之後再作解釋。

Silver： 先天不足，那是否代表有焦慮症的人要一輩子吃藥？

Dr. May：焦慮症的後天因素也很多，如環境壓力，患者本人的心理質素。而藥物也不是唯一的治療方法，心理治療和生活習慣也很重要。

有些焦慮症如驚恐症比較容易「根治」，有些比較

焦慮症與我：
解構、探索、療癒

焦慮的腦

杏仁核負責啟動戰 / 逃反應（fight-or-flight response），有兩套神經迴路：一套加強戰 / 逃活動；另一套減弱戰 / 逃反應。有焦慮症的人，第二套迴路受到影響，而杏仁核則過度活躍。

腦前額葉
（Prefrontal Cortex）
理性 / 邏輯思想的中心，可以組織新的記憶，及舒緩已習得的恐懼反應。

⊕ 增強焦慮（Enhance anxiety）
⊖ 舒緩焦慮（Tempers anxiety）

腦前額葉和扣帶迴
（Prefrontal and Anterior Cingulate Cortex）
抓緊你的注意力：留意身邊環境的負面信息，放大焦慮反應。

杏仁核（Amygdala）
情緒記憶和我們習得的反應全都儲存在這裏，當它很活躍時，會誘發負責戰 / 逃反應的荷爾蒙分泌。

戰 / 逃反應
（Fight-or-flight Response）
手掌出汗，心如鹿撞等。

「長期慢性」，如廣泛性焦慮症。以我自己為例，到了耳順之年，還在學習如何跟焦慮症共存：有時它對着我喧嘩一陣，如頑童一樣要抓住我的注意；有時又像個懂事的小孩，躡手躡腳地躲在我的身後，讓我能專心處理眼前事情。

焦慮症與壓力

Silver： 你之前提過壓力會影響焦慮症，可否解釋一下？

Dr. May：研究指出，童年喪親、被性侵、父母關係不和等，都會誘發焦慮症。此外，遇上極具挑戰性的處境、突如其來的逆境、生活大變遷，甚至可以是好事，都會激發焦慮情緒。

　　　　過多的壓力會引起壓力反應（stress reaction），適應障礙（adjustment disorder）。一段時間後，會出現創傷後壓力症（Post-Traumatic Stress Disorder, PTSD），經歷長期的創傷和壓力更會引起複雜性創傷後壓力症候群（Complex PTSD / C-PSD）。

　　　　自 2019 年起，香港社會環境急速變化，2020 年遇上全球疫情……這一切都令很多人感到非常焦慮不安。有些行業如航空業、旅遊業等，更遭到前所未有的打擊。不少人感到不同程度的焦慮情緒和壓力反應。

Silver： 人類實在太可憐了！

Dr. May：不！若能好好正視它，它將會轉化為心靈寶貴的禮物。

創傷後壓力症（PTSD）有關的大腦區域、功能及其引發的損害

感覺運動大腦皮層
功能：協調感官動作功能
PTSD：症狀刺激而形成功能增強

前扣帶迴
功能：自主功能、認知。
PTSD：體積減少，平常休眠時的新陳代謝增高。

丘腦
功能：感官的傳達站
PTSD：這部份的血液流量減低

腦前額葉
功能：情緒／調節
PTSD：灰質、白質的密度都減低；減低創傷／情緒刺激的存取和反應。

眼窩前額葉
功能：執行功能
PTSD：體積減少

海馬旁迴
功能：對記憶的編碼及提取很重要
PTSD：體積減少；跟內側前額葉有強的連繫。

海馬體
功能：恐懼條件反應;關聯學習。
PTSD：對創傷及情緒反應加強

杏仁核
功能：恐懼條件反應;關聯學習。
PTSD：對創傷及情緒反應加強

恐懼反應
功能：進化上為了生存
PTSD：對壓力敏感；把恐懼反應擴大；功能失調。

Dr. May 時間

這本書的大綱，借鑒於艾力遜（Erik Erikson）的「心理社會發展理論」（Theory of Psychosocial Development）。艾力遜把人的一生分為八階（見下表）。

階段	心理社會危機	心理效能
嬰兒期（0-1歲）	信任 VS 不信任	希望
幼兒期（2-3歲）	自主 VS 羞恥及懷疑	意志力
學前期（4-5歲）	自發 VS 罪惡感	意義
童年期（6-12歲）	勤奮 VS 自卑	能力感
青年期（13-18歲）	自我認同 VS 身份混淆	忠誠
青壯年期（19-25歲）	親密 VS 隔離	愛
中年期（26-65歲）	生產 VS 停滯	關懷
老年期（65歲或以上）	完整 VS 絕望	智慧

艾力遜的理論強調人的成長，離不開這三個元素：生理、心理以及社交的發展。除了探討童年對心理發展的影響，他是首位提出、強調和重視社會對個人的影響。艾力遜提出，人的成長過程一直延續至老年。

在這人生八階中，都會出現「心理社會危機」（psychosocial crisis），這些都是必要的成長壓力。人如果能成功面對並解決這些危機，就能建立心理效能（virtue），反之亦然。

而這本書就是根據人生的不同階段：兒童、青少年、青壯年、中年和老年，描述當中比較常見的焦慮症。

焦慮症與我：
解構、探索、療癒

不同年紀也可能有焦慮症

Silver： 兒童都會有焦慮症？太不可思議了！

Dr. May：不單這樣，焦慮症是在兒童青少年期最常見的心理障礙，它的出現，嚴重影響孩子的學習、社交和成長。還有，焦慮症不如身體病患，我們往往對它不以為意，不覺察，到了出現問題，如孩子拒絕上學，出現身心症等，已是冰封三尺非一日之寒的事。

Silver： 原來兒童不只有焦慮症，還頗常見。

Silver： 青少年又如何？他們會否在身份認同和建立親密關係方面有焦慮壓力？

Dr. May：Silver，你真聰明！關於青少年，不妨以阿Ben（後文會詳細分析他的個案）為例：他從小到大在名校就讀，名列前茅。他很輕鬆地成長，這些順利和成功的經歷成為他的自我身份認同。豈料到了大學後，他雖然可以唸熱門的科目，但他根本沒有興趣，兼且對有關科目也不擅長。學習的挫敗令阿Ben感到嚴重的焦慮和迷失，可惜他沒有意識到該處理自己的情緒，還極力迴避成長危機所帶來的焦慮，最後演變成長期頑治的身心症（psychosomatic disease）。

心理學家詹姆斯・瑪西亞（James Marcia）指出：人在建立身份時需要經歷兩個過程：危機（crisis）和承諾（commitment）。青年在危機中能尋找不同可能性，進而對他們的選擇作出承諾。而本書中談及的阿 Ben，他一直讓身邊環境來替他做決定，他不肯主動的選擇、並真誠的委身，所以阿 Ben 就一直停滯在身份混淆中。

Silver： 真心希望阿 Ben 有開竅的一天。

Silver： Dr. May，到了年輕的成年人階段，焦慮症常見嗎？

Dr. May：這個階段的焦慮症很常見，因為這是驚恐症（Panic Disorder）和廣場焦慮症（Agoraphobia）最常發生的時期。當然，廣泛性焦慮症（Generalized Anxiety Disorder）也包括在內。

Dr. May 時間

一個人由青少年過渡到成年，其間少不免會遇到逆境挫折，當中難免有時感到混亂迷失，我把這看作為「青年危機」。值得鼓勵的是：在 2020 年，本雅明・瓊斯（Benjamin Jones）教授和王大順副教授曾合作做了一個研究，比較「近勝組」——差一點就跨過門檻，以及剛好勝出的低空飛過組（low flyers）——「窄贏組」，這兩組人以後在學術上的成就；結果發現「近勝組」比「窄贏組」卓越很多。這證明在職涯早期經歷失敗的人，長期發展真的更好！那一場失敗讓「近勝組」得到令他以後發展的養份。

焦慮症與我：
解構、探索、療癒

廣泛性焦慮症（Generalized Anxiety Disorder）

腦島（Insula）
增加焦慮反應，減低認知情緒控制。

伏隔核（Accumbens）
增加焦慮，誘發擔心。

背側腦前額葉（Dorsomedial Prefrontal Cortex）
減低焦慮反應，增加認知控制。

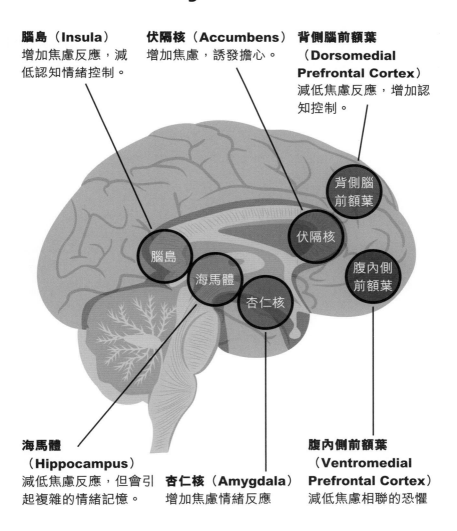

背側腦前額葉

伏隔核

腦島

海馬體

杏仁核

腹內側前額葉

海馬體（Hippocampus）
減低焦慮反應，但會引起複雜的情緒記憶。

杏仁核（Amygdala）
增加焦慮情緒反應

腹內側前額葉（Ventromedial Prefrontal Cortex）
減低焦慮相聯的恐懼

Silver： 活到中年之後，應該身經百戰，他們還會有焦慮症嗎？

Dr. May： Silver ，不少中年，甚至老年人，他們的焦慮往往是青少年時期的延續。不過也有例外，就如本書中不少個案一樣，他們的焦慮症，背後都蘊藏「存在的焦慮」（existential anxiety）── 死亡、孤獨、無意義、自由等。

Silver： 到了中年，相信大部份人已經建立了在社會上的身份認同，他們大多數有穩固親密關係，照理是最有生產力的階段啊！

Dr. May： Silver，你知道不少人都有「中年危機」嗎？他們懷疑自己在事業上能否找到工作的意義？是否真的想這樣把日子過下去？不過往往危機也是一個積極審視自己的機會，趁自己仍有能力和機會時接管自己的人生，主動讓自己最真誠地生活。

到了老年期，他們的焦慮，很多都是偽裝的抑鬱症，甚至是神經精神科的：如柏金遜症、認知障礙等。

人一生從來都沒有停止過成長。哪怕走到晚年，我們到底是選擇無悔無憾地回望自己的一生，還是要感到悲觀絕望，這都是我們要細想的。

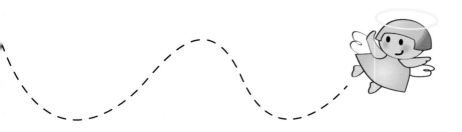

焦慮症與我：
解構、探索、療癒

Dr. May 時間

焦慮症的種類

2019 年世界衛生組織（WHO）終於發佈了《國際疾病分類》的第十一次修訂本（ICD-11）。把焦慮症分為八大類：

1. 廣泛性焦慮症（Generalized Anxiety Disorder）

2. 驚恐症（Panic Disorder）

3. 場所恐懼症（又稱為廣場恐懼症、廣場焦慮症，Agoraphobia +/- Panic Attacks）

4. 特定的恐懼症（Specific Phobia）

5. 社交恐懼症（又稱為社交焦慮症，Social Anxiety Disorder）

6. 分離性焦慮症（又稱為分隔焦慮症，Separation Anxiety Disorder）

7. 選擇性緘默症（Elective Mutism）

8. 其他類型的焦慮症，包括其他精神或身體疾病導致的焦慮、酒精或藥物導致的焦慮等等。

此外，還有外在壓力誘發的焦慮症——壓力反應，包括：
1. 適應性障礙（Adjustment Disorder）
2. 創傷後壓力症
3. 複雜性創傷後壓力症候群
不同種類的焦慮症中，不同年齡的表徵、發病率、持續性、誘發原因、治療和預後都各有不同。

共通的症狀

Silver： 嘩！原來焦慮症有這麼多種！那有沒有一些共通的症狀？

Dr. May：焦慮症的共同生物脆弱性是自主神經系統（autonomic nervous system）失調，尤其在驚恐症，患者的杏仁核（amygdala）過度活躍，引致交感神經系統（sympathetic nervous system）容易被外界事物激發，繼而產生身體反應。在廣泛性焦慮症中，肌肉受到外界壓力比較容易繃緊。焦慮症患者體內皮質醇（cortisol）很多時都處於高水平。

此外，焦慮症患者的神經系統有行為抑制（behavioral inhibition），令患者的注意停留在具威脅性的事情上。

焦慮症和抑鬱症一樣，患者的情緒基調是負向的（negative affect）。焦慮症患者的心理特質，是不能接受不確定性，往往對「掌控」抱着錯誤的迷思：以為擔心個不停，就能避免不好的事發生。因為不能接受壞事發生，不少焦慮症的患者採取「迴避」，這包括迴避特定情境；但也可能涉及「微妙」的方式，例如猶豫不決、退縮或儀式化的行為。

焦慮的症狀可以分別從精神和身體的角度來看：

1. 從「精神」的角度來說：過多又不合理的擔憂、感到受威脅及災難性思想。

焦慮症與我：
解構、探索、療癒

驚恐症（Panic Disorder）

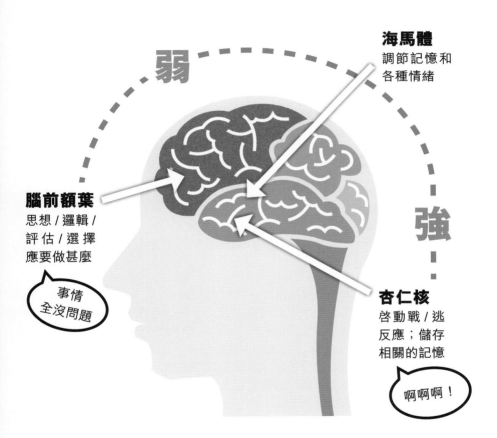

海馬體
調節記憶和
各種情緒

弱

腦前額葉
思想 / 邏輯 /
評估 / 選擇
應要做甚麼

事情
全沒問題

強

杏仁核
啟動戰 / 逃
反應；儲存
相關的記憶

啊啊啊！

2. 從「身體」的角度來說：生理反應如心跳和呼吸加速、胸部與腹部不適、肌肉緊張、口乾、出汗等。

Silver： 焦慮是每個人都有，但焦慮症常見嗎？

Dr. May：焦慮症是最常見的精神心理障礙之一。據香港醫管局資料，大約每五個人有一人在一生中會患上一種焦慮症；對成年人來說，女性患者的人數是男性的兩倍。

頑治的焦慮症

Silver： Dr. May，你可知道哪些焦慮症較易處理？哪些較棘手？

Dr. May：Silver 你的問題很好，我們通常由案主臨床和心理特徵來預測。

臨床方面：因為焦慮症的共病現象（co-morbidity）很常見，若案主的焦慮症包含了驚恐發作（又稱恐慌突襲，panic attacks），他／她同時有人格障礙（comorbid personality disorder）、過份依賴的治療行為、治療後臨床狀況表現不理想、焦慮程度嚴重、患者迴避行為持續已久，那麼他／她的焦慮症就會比較頑治。

至於心理特徵：案主若果偏向內向性（introversion）、焦慮敏感性高（neuroticism），以及較強的行為抑制（behavioral inhibition）等，

焦慮症與我：
解構、探索、療癒

焦慮就更為持續。

知道這些，我們更應及早發現、介入和治療，以防演變為慢性頑治疾病，影響案主的生活和造成社會的疾病負擔（disease burden）。

廣泛性焦慮症與驚恐症

Silver： Dr. May，廣泛性焦慮症與驚恐症有甚麼分別？

Dr. May：Silver，過度的焦慮通常以兩種方式表現：第一種是一種廣泛及持續的焦慮感，如「連綿不斷的春雨」；另一種是偶發性焦慮突襲，如夏天的「雷暴驟雨」。

Silver： Dr. May，可以講解得清楚一點嗎？

Dr. May：廣泛持續的焦慮感不是因為某些特定情況而出現，但卻和日常生活緊扣，事無大小都令患者抓狂。這種焦慮感一般不算太強烈，但是會持續地出現，往往有六個月或以上的時間。

廣泛焦慮症患者對壓力的生理反應（如肌肉繃緊、心跳手震等）經常處於延續狀況，較平常人難以恢復平常狀態。

此外，他們的大腦有一個「擔心迴路」（worry circuit）。

廣泛性焦慮症患者的症狀包括：心情煩躁、易慍易

怒、容易疲勞、精神難以集中、肌肉繃緊及睡眠困擾（難以入睡、睡眠不能持續等）等。

廣泛性焦慮症的平均發病年齡是 21 歲（年齡範圍由 2 至 61 歲），病情平均有 20 年。也有部份個案症狀能夠完全緩解。

另一種則是偶發性（episodic）的焦慮感：焦慮會突襲患者。而這種偶發性的焦慮更為強烈，可稱為驚恐發作。

當人極度惶恐時，大腦響起警號，身體亦會進入戰、逃的狀態：呼吸急促、胸口翳悶、冷汗直冒……呼吸過急會令體內二氧化碳的含量驟降，從而產生手、腳、嘴唇出現麻痺、針刺的感覺，頭暈眼花等。不少人會想：這是心臟病發嗎？我會死嗎？發瘋了嗎？

這些念頭再觸發腦內警報系統，形成一發不可收拾的驚恐發作。

驚恐發作可以有外在（如怕狗、怕高）和內在（如藥物、過量咖啡因、身體狀況）等的原因。

至於診斷驚恐症就是於沒有危險的情況下，重複出現「原因不明」和「突如其來」的驚恐發作：大腦的警號無故及失控地響起：患者感到恐懼，呼吸變得急促、胸口翳悶、冷汗直冒、手腳麻痺及頭暈眼花……令人感到非常難受和困擾。

漸漸患者便會因為這些無緣無故的驚恐發作而產生憂慮，令其抗拒和逃避外出、上班及上學，嚴重影響日常的生活。

各種恐懼症和驚恐症的患者，所經歷的就是偶發性的焦慮。

Silver： 驚恐症常見嗎？

Dr. May：事實上驚恐發作頗常見，大約每六個人有一個，但驚恐症的發病率大約只有 3%。

Silver： 驚恐症在甚麼時間最常出現？

Dr. May：驚恐症發病有兩個高峰期：第一個是在 15 至 24 歲；第二個是在 45 至 54 歲。一般來說，過了 65 歲之後，患上驚恐症的機會很少。

Silver，驚恐症有遺傳性，但主要也是基因和環境的互動。

Silver： 驚恐症能斷尾嗎？

Dr. May：說實話，可能只有一成的人能夠完全康復。基本上有一半的人經過治療後，還有持續輕微症狀。但大部份都能投入正常生活工作。

各種恐懼症與驚恐症的分別

Silver： 那麼各種恐懼症（特定恐懼症、廣場恐懼症和社交恐懼症）與驚恐症有甚麼分別？

Dr. May：各種恐懼症中，特定的恐懼症的患者對特定的東西和處境十分恐懼，平時會極力迴避，非不得已要面對時便會感到很恐慌，嚴重時甚至可以引起驚恐發作。

導致恐懼的對象和處境主要有以下幾類：

1. 動物（例如：狗、昆蟲、蛇等）；

2. 自然環境（例如：高處、電閃雷鳴等）；

3. 血—注射—損傷（例如：血、針、注射等）；

4. 特定的處境（例如：飛機、電梯、幽閉、狹小空間）。

至於廣場恐懼症的患者，則是對以下兩種或以上的場所過份恐懼，主要包括：

1. 乘坐公共交通工具（例如：長途車、飛機等）；

2. 處於開放空間（例如：空曠的廣場、橋樑等）；

3. 處於封閉空間（例如：商店、電影院等）；

4. 排隊或在人群之中；

焦慮症與我：
解構、探索、療癒

5. 單獨外出或離開家。

廣場恐懼症的核心恐懼，是對認為難以及時逃離的環境感到恐慌；有些患者不能獨自外出，更嚴重的情況，是患者覺得只有在家才最安全，有些患者長期被「困」在家中。

Silver： 被「困」家中，真是很嚴重啊！

Dr. May：幸好，廣場焦慮症（加上驚恐症）的發病率大約只有 1%。

社交焦慮障礙的患者，則對一種或以上的社交處境過份恐懼，所以患者會盡量迴避各種社交處境，包括：當眾表演或演講、課堂提問、小組發言等，或在公眾場所吃飯、做事等。

有些嚴重的患者，長期被「困」在家中。

社交焦慮症比廣場焦慮症的發病年齡要早，發病率也較高，終身患病率有 12%。比較特別的是，男性跟女性比例差不多；而廣場焦慮症的患者，差不多都是女性。

Silver： 看來廣場焦慮症和社交焦慮症，嚴重起來可以比其他恐懼症為嚴重！

Dr. May：Silver 真聰明，確實可以這樣說啊！社交焦慮若沒有恰當治療，是很難自己痊癒的。當患者有社交焦慮症，同時又有逃避型人格障礙（avoidant personality disorder），那將會令情況更嚴重，影

響患者的生活質素和工作能力。

相對於同樣以偶發性焦慮而表現出來的驚恐症，其焦慮感的誘因並不局限於某特定情景，而是難以預料的，甚至可以在睡眠時出現。

Silver： Dr. May，我被這些診斷都弄得頭昏腦脹，你可以扼要地總結一下嗎？

Dr. May：首先社交焦慮症的患者，他們驚恐發作的誘因，源自害怕被別人負面評估，所以獨自一個人的時候比較舒服。驚恐症狀很多時是面紅耳熱、肌肉抽搐。廣場焦慮症的患者，反而害怕身邊沒有可信賴的人，他們經歷的驚恐反應，很多時是耳鳴、視覺迷糊、胸口翳悶、呼吸急促，甚至感覺到自己就快死亡或變得瘋狂。

人生不同階段的焦慮症

Silver： Dr. May，不如你談談人生不同階段常見的焦慮症。

Dr. May：Silver， 人生不同階段，可以出現：

1. 分離焦慮障礙——兒童早期到兒童中期（約 7-8 歲）

2. 社交焦慮障礙——青春期早期（約 11-13 歲）

3. 廣泛性焦慮障礙——從青春中期到成年期（約

焦慮症與我：
解構、探索、療癒

10-20 歲）

4. 驚恐障礙——成年早期（大約 20-24 歲）

Silver ，記着，焦慮從兒童到成年有連續性，還有焦慮症和抑鬱症也有很多重疊，現在只是作一個粗略的劃分。

Silver： 知道！不如先說說小孩子！我對小朋友有焦慮症感到難以想像。

Dr. May： 孩子在上幼稚園或初小時，因要跟主要照顧者分離而產生焦慮。經過一段時間，大部份小孩都能適應這分隔。不過若是焦慮太過嚴重和持續，影響孩子的學習、社交和成長，就成為了分隔焦慮症。

孩子也會有各式各樣的恐懼症（phobias）：廣場恐懼症、社交恐懼症及特定恐懼症。

恐懼症最常見的情況，就是迴避恐懼的事情，不過越是迴避，症狀就持續下去。

Silver： 孩子大一點又如何？

Dr. May： 到了中學時期，孩子有機會患上社交焦慮症，他們在班上不敢舉手發問，在一班同學面前講話會害怕得腦袋一片空白，像啞巴一樣。

人與人相處，有時難免感到害羞焦慮，這情況一般
不會影響我們的生活。但當這種焦慮很強烈，令我
們不能平常地去做事或生活時，它就變成了社交焦
慮症。

社交焦慮症的患者，在跟別人一起時，心裏會感到
侷促不安，擔心被其他人評頭品足。他們害怕把自
己暴露於陌生人前，害怕出席可能受到別人評價的
場合。患者會強烈擔憂自己在別人面前作出奇怪、
尷尬、不體面的事。

到了高中至大學的青少年時期，就是廣泛性焦慮症
的萌發期。

至於驚恐症最常出現的年紀是二十多歲，或是在
四十多歲，不少個案更同時患上廣場恐懼症。患者
會害怕恐慌發作時不能逃離擠塞受困的地方，因而
逐漸對這些地方有所迴避。若患者的迴避行為嚴
重，可以令他們不能正常生活，如之前所講，被迫
「困」在家中。

Silver： Dr. May 你怎樣看上年紀的人，他們容易有焦慮症
嗎？

Dr. May：Silver ，一般來說，絕大多數的焦慮症都是在年青
時第一次發病；若年紀較大而第一次出現焦慮症狀，
不管是持續的廣泛焦慮，還是驚恐發作，都算不上
是尋常。我們要小心看看患者有沒有身體狀況，大

焦慮症與我：
解構、探索、療癒

腦機能的問題，或是其他更有可能的精神障礙，如
酗酒、濫藥、抑鬱症等。

壓力引致的焦慮症

Silver： Dr. May，可否談談壓力引致的焦慮症？

Dr. May：簡單來說，嚴重的外來打擊，當事人會有急性壓力
反應。我記得小時候，我的鄰居陳小明被車撞死了，
他的爸爸在醫院先是昏厥，醒了就呼天搶地！醫生
要替他打鎮靜劑。陳先生的情況就是急性壓力反
應。

Silver： 啊！好難過啊！

Dr. May：至於適應性障礙，最常見的例子就是失戀。當事人
可以吃不下嚥、睡不着覺。更甚者有輕生的念頭，
或企圖傷害自己。通常經過一段心理輔導和藥物治
療，情況會有改善。

Silver： 如何界定外在壓力演變成創傷後壓力症？

Dr. May：創傷後壓力症可以發生在任何年齡，而小孩和上了
年紀的人受到的衝擊會較大。通常當事人經歷過巨
大的威脅性或災難性的事件，例如天災、嚴重的意
外、目睹別人慘死，或親歷暴力罪案。由事件發生
到病徵出現，起碼要有一個月，有些甚至數個月，

大多不會超過六個月。病徵則持續超過一個月。

Silver： 有甚麼特別病徵呢？

Dr. May：創傷後壓力症的病徵主要在三方面：

1. 患者不能阻止自己從夢境或突然闖入腦海的記憶中，再次經歷創傷的情景。這是最主要的病徵。這些記憶可以被一些文字、物件或環境所挑起。這些闖入的傷痛記憶通常只是短暫性的，而患者知道這是一種回憶。但有時，患者會經歷「閃回」（flashback），令患者好像回到事發現場。同時，患者也經常發噩夢。

2. 神經過敏的症狀：容易受驚嚇、感到緊張、難以入睡。與闖入的傷痛記憶不同，這些症狀是持續的，令患者感到持續受壓及憤怒。患者會難以入睡，害怕創傷事件會在夢境出現。

3. 逃避行為是另一種核心病徵。患者會避開所有可能會令他回憶起創傷事件的事物，例如在嚴重交通意外後，患者會害怕駕駛或甚至不敢乘車。有些患者會否認以前的創傷事件引起現在的心理問題，他會感情麻木、對事物失去興趣、遠離朋友、孤立自己。有些患者可能會失去對創傷事件的記憶。

至於複雜性創傷後壓力症候群（C-PTSD），它跟PTSD 的分別，是後者的創傷事件主要是「單一」的，但 C-PTSD 則是「一連串的傷害事件」所引起的心理創傷。

焦慮症與我：
解構、探索、療癒

臨床上最常見的是家庭環境，如孩童成長在遭受虐待（身體、心理如 情緒、語言或性虐待） 或遭受忽略的家庭中。

Silver： C-PTSD 會出現哪些症狀呢？

Dr. May：除了 PTSD 的主要症狀外，C-PTSD 的症狀還包含：

1. 情緒重現（emotional flashbacks）。突發並澎湃地感受到童年受虐或受遺棄時的感覺，有壓倒性的恐懼、羞恥、孤立、暴怒、哀慟或憂鬱。常出現一陣子的倒退現象（regression）。

2. 毒性羞恥（toxic shame）。壓倒性地覺得自己愚蠢、令人厭惡或一團糟，完全失去自信自尊。

3. 自我拋棄（self-abandonment）。嚴重的失去了健康的自我意識。

4. 惡性的內在批判（vicious inner critic）。自我羞辱和自責，感覺不好和愧疚。

5. 社交焦慮（social anxiety）。對社交感到非常不安，迫使「靠自己」作為生存策略。

6. 其他可能症狀：長期的孤獨感、被遺棄感、低自尊、依附問題（attachment disorder）、人際關係問題、大起大落的情緒變化、解離（dissociation）、過度戰或逃（fight or flight） 反應、對壓力反應過敏、自殺意念。

C-PTSD 的這些症狀並不是先天的，而是重複、多次性創傷事件而後天造成的。

存在的焦慮

Silver： Dr. May，你曾經説，人的存在本身令人焦慮。

Dr. May：對！讓我引用哲學家海德格爾（Martin Heidegger）的説話：「沒有人是自願來到這個世界。我們彷彿是被粗魯地拋到這個世界。」

不過無論甚麼年紀，存在的焦慮都可以意想不到的形式，伴隨着我們。

存在的焦慮，是只有在一個人面對自己的時候，才會在內心深處呼喚自己的焦慮。它並不一定是《精神疾病診斷手冊》中呈現的那種內容。但它是心理學家和治療師們臨床時常見的。存在的焦慮即是一個人對存在本身、自我感知、個人意義產生深切的懷疑，並伴隨那種無法安定下來的焦慮感——當中包括死亡、孤獨、荒謬和自由。

我會以個案去説明以上情況。

焦慮症與我：
解構、探索、療癒

Dr. May 時間

治療焦慮症的概述

藥物治療及心理治療都是有效的治療方法。

1. 藥物治療

選擇性血清素回收抑制劑（SSRI）、血清素去甲腎上腺素回收抑制劑（SNRI）都是有效治療廣泛性焦慮症及恐懼症的藥物。

最新的研究顯示，患者通常需要大約兩至四個星期，病徵才得到明顯改善。部份患者於服藥初期（大約首四日至一星期），因藥物的副作用，其緊張及食慾不振情況反而會加劇，但這些不適通常會逐漸消退。

鎮靜劑能即時舒緩焦慮，但是服鎮靜劑會有成癮的風險。所以鎮靜劑只用於嚴重的焦慮，以及只限短期服用。

2. 心理治療

一般來説，認知行為治療是被實證為最有效的心理療法，可以配合藥物治療一同使用。

由於迴避害怕的情景是恐懼症的核心現象，心理治療重要的一環是逐步幫助患者重新評估和面對害怕的情景，例如：首先是想像該情景，然後一步步幫患者想像以至真正置身其中。

接受心理治療是一個醫患合作的過程，治療師就如教練一樣——引導、促進、鼓勵患者逐步康復。

焦慮症的預後

Silver： 我很關心人類，我想知道焦慮症的預後（prognosis，根據病人當前狀況來推估未來經過治療後可能的結果）是怎樣的？

Dr. May：一般來說，焦慮症的共病（co-morbidity）很高，例如驚恐症可以跟廣泛性焦慮症並存。通常共病越多，預後越差。

若孩子發病很早，焦慮程度嚴重，有驚恐發作，性格內向有「神經質」等，病情通常較為慢性和持續。

廣泛性焦慮症若一直持續下去，有機會成為終身性時好時壞的情況。也有可能演變成其他疾病，如驚恐症、憂鬱症等。

及早接受治療，將可改善這狀況，減低併發其他疾病的機率。尤其在小孩和青少年，會令他們的學習和成長過程減少障礙。

Silver： 所以認識焦慮症和及早治療是相當重要的。

Dr. May：是的。我在後文將以不同個案為例，逐一詳細說明各種焦慮症，希望大家對焦慮症有正確認識。

焦慮症與我：
解構、探索、療癒

第2章 兒童與青少年的焦慮症

Silver： 我聽聞做人很多煩惱，但兒童和青少年應該無憂無慮，卻原來有不少兒童和青少年患上焦慮症，真想不到！

Dr. May：不少成年人也認為如此，與人們的既有印象相反，焦慮症是在青少年中發病率最高、兼最常見的精神障礙，不管哪個國家都是如此。

他們患上焦慮症總體流行率約為 11%。即使他們未達到焦慮症的診斷標準，不少人都受到焦慮情緒的折磨，影響到他們的學業能力、社交能力和生活質素。

Silver： 一直都是這樣子的嗎？

Dr. May：不是，隨着時代的發展，焦慮症比起幾十年前有了大幅的增長。可能因為社會步伐太急促、重視物質生活的價值觀、對孩子的評價單一集中在學業上……這些都會使孩子更容易感到焦慮。

Silver： 家長和老師真的要好好正視孩子的焦慮症啊！

Dr. May：是啊！美國在 2019 年有研究顯示，現今兒童和青少年中，差不多有 1/3 都有一定程度的焦慮情緒，而高中生的焦慮又比初中生高。

兒童患上焦慮症的平均年齡是 6 歲，青少年的平均年齡是 12 歲。

兒童最常見的是分隔焦慮和恐懼症，而青少年最常見的焦慮症是廣泛性焦慮症和社交焦慮症，而女孩

是男孩的兩倍。

Silver：　孩子患上焦慮症有沒有其他原因？

Dr. May：焦慮症的成因還涉及遺傳（如家族病史）及環境因素：尤其父母本身的焦慮表現、生活壓力、缺乏應對困難的技巧等。

兒童與青少年焦慮症的特點

Silver：　兒童與青少年的焦慮症有甚麼特點嗎？

Dr. May：Silver，問得好！兒童未必有能力清楚地表達焦慮帶來情緒和身體上的不適。至於青少年的焦慮症，他們可能害怕別人（尤其是同儕）的看法、情緒病的標籤，而傾向把問題抑壓在心裏。

　　　　　焦慮症核心的症狀，是對感到潛在威脅的事情迴避，而迴避強化焦慮。

Silver：　所以這時期的焦慮症，應該比起成人的焦慮症更難覺察。

Dr. May：在成年人的領域，對焦慮症有比較具體的個案研究。相比之下，在兒童和青少年領域，一般來說是更為「概括地」研究焦慮症。在不少情況下，是將焦慮症放在「內化障礙」（internalizing behavior）來進行研究。

Dr. May 時間

外化與內化障礙

「外化障礙」如如品行障礙（conduct disorder）、對立反抗症（oppositional defiant disorder），兒童傾向用外化行為來表現出內心的情緒，例如，通過發脾氣和攻擊別人。而「內化障礙」則描述了內心的恐懼、焦慮和抑鬱等。孩子抑壓情緒衝突而不表現出來，所以內化障礙的兒童的病情通常更為嚴重。

Silver： 這些患上焦慮症的孩子，實在令人擔心呀！

Dr. May：說得對。焦慮症看似無形，不過帶來的傷害可以很大：它會影響孩子的健康（因擔心而不能好好睡覺）、學業（不能專心讀書）、社交（害怕接觸陌生人，不能在老師同學面前說話，甚至拒絕上學等）、個人成長（自我形象低落）等。

Silver： Dr. May，孩子這個階段若有焦慮，家長和醫生應該及早介入！

Dr. May：當然，不少患上焦慮症的孩子，因為有預期的威脅，背後常有消極的念頭，而這些都是一些歪曲的信念。例如：「別人都在對我評頭品足」，「我看上去一定很蠢」，「我必須做到最好，否則就糟糕了」……等。

這些想法或信念不能及早辨識干預的話，將來會變得固化，因為每個人都傾向自我實踐。

若把情況置之不理，它可以一直持續，衍生心理問題：低自尊、缺乏朋輩認同……更加可演變成抑鬱、酗酒、濫藥等。

Silver： 那樣就太不值！

孩子不能好好表達焦慮情緒，從本質上跟成人焦慮症有甚麼分別？

Dr. May： 其實跟成人焦慮症差不多，不過在青少年身上會有一些獨特的信號。

Silver： 會是哪些？

Dr. May： 其中之一是拒絕上學（school refusal）。不是說所有拒絕上學的孩子都是因為患上焦慮症，但在拒絕上學的孩子中，焦慮症都是一個重要原因，學業和朋輩相處是主要的壓力源。

孩子如勉強上學，很多時會投訴各種身體不適，如頭痛、頭暈、反胃、肚痛這些身心症。

Silver： 家長豈不是被誤導了？

Dr. May： Silver，對，不少家長不停帶孩子去看醫生；相反，有些家長也許會認為孩子以此為藉口而不上學，因而責怪。

Dr. May 時間

拒絕上學不同於逃學

家長要注意孩子拒絕上學（school refusal）的情況和找出原因。

例如在新冠病毒肆虐期間，學校基本上全年停課或以線上上課取代正式課堂，有些學生在這期間沉迷網路遊戲，以致復課後追不上學業，令厭學加劇。

但厭學的學生也有可能是患上焦慮症或抑鬱症；也可能是因為校內欺凌。此外，也要分清楚「拒絕上學」和「逃學」。

逃學的例子如上述提到，孩子在家玩網絡遊戲，覺得比上學更開心，故此厭學、逃學；至於拒絕上學的例子，如孩子覺得班上同學在取笑自己。

逃學的孩子沒甚麼焦慮，拒絕上學的孩子，卻是被憂慮預期的威脅所困擾。

Silver： 還有其他信號嗎？

Dr. May：焦慮會引起身體各方面的症狀：頭痛、肌肉痠痛等，這些都源於孩子無法放鬆身體，肌肉長期繃緊導致。

其他常見的有肚痛、腹瀉等。不少人也經歷過在測驗考試前肚痛肚瀉。胃腸是對緊張情緒非常敏感的器官，是身體「第二個腦」，在遭遇壓力時也有反應。有調查顯示，去內科求治腸易激綜合症狀

焦慮症與我：
解構、探索、療癒

（Irritable Bowel Syndrome, IBS）的成人中，大部份都有焦慮症。

Silver： 得到焦慮症實在太不爽了，影響了生活質素。

Dr. May：這還不只，焦慮症的孩子比較容易疲勞，長期緊張焦慮會帶來耗竭的感覺——孩子的心力都消耗在焦慮和擔心中。孩子往往因過份擔憂而導致睡眠困難，所以更加疲倦。

對於青少年，因焦慮症而難以集中精神學習，感到非常煩躁，也感到沮喪。

Silver： 這樣看來，有焦慮症的孩子脾氣好不到哪裏去！

Dr. May：焦慮產生內在紊亂煩躁的情緒，孩子當然容易變得暴躁、不耐煩、易發脾氣。

Silver： 若家長不能理解而加以責罵，豈不形成一個惡性巡環？

Dr. May：對，看來你越來越明白人類了！

Dr. May 時間

拖延症

對於一些孩子來說，他們對事情很執着堅持，但做事效率不足，若加上高度焦慮，其應付壓力的其中一個方法，就是拖延。換句話說，拖延的其中一個原因，就是想逃避壓力帶來的焦慮感。於是孩子把注意轉移到其他方面如網絡活動上，更日以繼夜地「煲劇」……短期來看，焦慮減少了，但長期下來壓力只會越積越多。

Silver： 家長一定會覺得孩子「懶」。

Dr. May：但呵斥也不是辦法。

Silver： 那怎麼辦？

Dr. May：確是不容易處理的，不過若能理解孩子背後的焦慮，幫助他們在合理範圍內，跟焦慮共處。我們總不能等完全沒有焦慮，才開始學習或工作。

大部份有拖延問題的人，都有一個共同點：對行動要求有所誤解，以為在行動之前，自己必先受到激勵，或感到沒有焦慮。

一個習慣於拖延的人也許會說，他沒辦法工作，但他真正的意思是，他沒辦法使他自己覺得夠輕鬆而「想」要學習或工作。

我們往往把「想」和「做」混為一談，大部份的激勵技巧，都應該用在改變你「想」的感覺上。對着

焦慮症與我：
解構、探索、療癒

鏡子說 100 次「我是最棒的」、「I can do」等。
但這些方法不能長遠有效，因為它們建立在一種迷
思上：你必須要有一種特定的情緒，才能對事情投
入。

當然，用激勵去改變想法感覺，有時確會有幫助；
但有時它就是沒辦法讓你生起想做的動力。在這情
況下，激勵說話反而會使事情惡化，它鼓勵你執着
一種特定的情緒狀態，才能開始工作。結果，這等
於在你和工作目標之間，又多設一道障礙：假如你
不能激勵自己欣然開始工作，你就不能認真工作
了！

不要執着於感到夠輕鬆、「想」才開始學習，誰說
你一定要等到「夠放鬆」、「覺得想做」才開始做？

假如你能把影響你拖延的心態情緒，看成為瞬息萬
變的天氣，你就明白感到壓力焦慮或不想做事，是
不一定要根除、積極轉變的事，你可以與它共存。

我提議用「5分鐘起步」去克服拖延症：即刻去做，
用行動影響情緒態度，產生上行螺旋。

心情會影響行為，反之亦然。當孩子投入做事時，
有時候焦慮反而減少。

當焦慮的孩子建立自己的學習架構，無論當下有沒
有溫習的動機，習慣讓自己與正面或負面情緒並肩
工作，反而不必設法為培養正面的情緒而分心。

不論求學或做事，拖延是一種內耗：由行為帶動，你的焦慮也因壓力源處理了，令你輕鬆了、開心了！

分隔焦慮症

Dr. May：Silver，讓我首先說說分隔焦慮症（Separation Anxiety Disorder）。之前說過，分隔焦慮症在兒童早期到兒童中期（大約 7-8 歲）出現。

分隔焦慮是兒童成長的正常現象，嬰幼兒在八、九個月開始有分隔焦慮：一離開依戀對象（通常是主要照顧者）就哭。不過孩子大約到了 3 歲，就可以漸漸克服分隔焦慮。

至於患上分隔焦慮症的孩子，當要與依戀對象分開時，會害怕自己或依戀對象發生不測。因此孩子會避免與依戀對象分離。孩子會有關於分離的想像或噩夢，拒絕面對涉及分離的情況。此外，他們不肯到朋友家、上學等。孩子擔心分離的後果：自己或依戀對象受到傷害。每當孩子預期將要分離時，會出現身體症狀，包括嘔吐、腹瀉和胃痛等。

孩子的分隔焦慮若在成長過程持續，影響正常上課、社交，出現驚恐反應，就需要尋求專業協助。

Silver：　Dr. May，有具體例子嗎？

Dr. May：說說 Mary 吧！

焦慮症與我：
解構、探索、療癒

Mary 的故事

那天，我跟 Mary 的父母見面，他們顯得很煩惱，Mary 的媽媽說：

「我和丈夫都是醫院護理人員，我們有一個女兒 Mary，她今年 8 歲，Mary 還有一個 14 歲的哥哥。

「原來我一直疏忽在襁褓中的 Mary 。那時候我要全力照顧剛升上小學的哥哥，Mary 就留給傭人去照顧。

「不幸的是，照顧 Mary 的傭人一年頭就換上了兩個。

「『嬰兒哭哭無妨，反正能增強肺活量！』兒科醫生對我說。

「當 Mary 兩歲時，我曾經安排她唸學前班，但她不能適應，在學校大哭大鬧，甚至躺在教室的地板上滾來滾去。我起初以為這些只是短暫的情緒適應，但 Mary 晚上也睡得不好，時常做噩夢。

「我只好不再堅持，只安排 Mary 到 Play Group 去，上堂時還讓傭人姐姐陪伴。Mary 3 歲才正式上幼稚園 K1 班。

「唸 K1 的初期，Mary 也是不願意上學，每天起床後就哭嚷一番。後來我想了一個方法，索性起床梳洗後，就給 Mary 吃早餐，接着就直接把 Mary 送回學校。到了學校後，傭人姐姐才給 Mary 更換校服。這樣我就避免 Mary 因換校服扭計而耽誤上學時間。

「我跟幼稚園老師溝通女兒的情況後，當中有一位很有愛心耐性的老師，每天早上都給 Mary 來一個幾分鐘的『熊抱』，

讓她平靜下來才上課。

「Mary 漸漸適應了幼稚園的生活，順利考上一間校風良好的
小學。」

新環境適應問題

Mary 的媽媽透露更多女兒的病情：

「升上小學，Mary 再次出現適應問題，常常顯得焦慮不安，
早上亦抗拒起床。

「不過 Mary 喜歡班主任，她常常給 Mary 一些漂亮的貼紙。
沒多久，當 Mary 跟班上其他同學熟稔起來，她抗拒上學的情
況就大大改善。

「小三那年，Mary 正好 8 歲，她出了水痘，因為水痘的傳染
性高，醫生要 Mary 在家臥床休息一個星期。

「怎料水痘好了之後，Mary 又患上腸胃炎，又屙又嘔，結果
Mary 連續放了兩星期的病假。」

父母關係影響子女

「這段時間，我的婚姻出現了問題，因為丈夫有婚外情，我
感到很崩潰！

「『我兩個孩子也可以不要，一走了之！』我跟丈夫鬧離
婚……」

Mary 的爸爸輕拍太太的手背幾下，令人感到他對太太的歉疚

焦慮症與我：
解構、探索、療癒

和愛惜。Mary 的媽媽緩過來，接着説下去：

「想不到 Mary 痊癒後就此不肯上學，還哭哭啼啼乞求我放她一馬，讓她留在家陪伴我。Mary 拒絕上學差不多有一個月，我很崩潰。我沒有辦法，請了長假陪伴她，親自送她上學。不過就是勉強把她送回到學校，她會拉緊我的衣衫不肯讓我走。」

我跟他們説：「Mary 的分隔焦慮，已經影響到她的日常生活，所以是一種對成長的障礙，需要及早治療。」

他們都點點頭，Mary 的媽媽説：「後來我和先生經過多番輔導，彼此都有反省，丈夫也跟我認錯，爭吵也平息下來，已解決了婚姻危機。

「有一天，Mary 忽然對我説：『我害怕放學回家你已經離家出走，所以我想留守在家！』

「我們現在只希望 Mary 得到適切的治療，重拾安心快樂的日子。」

Mary 成為我的病人，經過好一段日子，Mary 終於重上生活常軌。

Mary 患上分隔焦慮症

焦慮症與我：
解構、探索、療癒

分隔焦慮症

分隔焦慮症是兒童最常見的焦慮症，大多在學齡前的兒童出現，大約在 20 個小孩中就有一人患上此症。

當 Mary 還是嬰兒時，因為媽媽把精神全放在上小學的哥哥身上，Mary 在嬰兒床上啼哭而無人理會。不幸地，照顧她的傭人又經常轉換，所以她基本上沒有機會對主要照顧者發展出安全的依附關係。

這種情況，也會加強 Mary 上幼稚園時的分隔焦慮。

之後在 Mary 8 歲時，父母親關係出現危機，恰恰此時她放了兩個星期的病假，病後因患上分隔焦慮症，她拒絕上學差不多有一個月。

成因

一般來説，和孩子的家族遺傳、先天氣質有關。

後天環境方面：父母關係不和，父母性格不夠成熟、自我中心，這些因素都會形成孩子不能跟父母建立安全的依附；還有家庭暴力等，都容易誘發孩子的分隔焦慮。

Mary 自小已經展現「困難嬰兒」（difficult baby）的氣質：不規律的生理節奏、在陌生情境下採取退縮反應、面對新環境的適應能力低、情緒反應強烈和負向情緒等。

這些先天氣質加上後天的成長環境，父母婚姻的危機，就形成了 Mary 的分隔焦慮症。

分隔焦慮的治療

醫治分隔焦慮主要是心理治療。

心理治療包括：教導父母、主要照顧者如何提供使孩子有安全感的溝通和支援。

認知能力較高的孩子，可以用認知行為治療，使他們知道分隔只是暫時性的安排，親人是不會「消失」的。

不過，當分隔焦慮症有其他共病：如其他形式的焦慮症、抑鬱症和強迫症時，就可能需時抗抑鬱。

Silver： Mary 有很強的表達能力啊！

Dr. May：我再介紹另一個案，一個不是不能說話，而是不敢說話的孩子。

Silver： 吓，究竟這是怎樣的一回事？

Dr. May 診症室

選擇性緘默：John 的故事

那天，我見了 John 的爸爸，他說：

「我的孩子阿 John，正在唸 K2，我從沒收到老師對他的投訴。在學校，John 肯配合畫圖畫和抄生字等不需要說話的事情，

但就是不說話。

「老師找我是因為 John 要小學面試，而他在陌生人面前不說話，這樣對他很不利。

「我和太太曾經帶 John 去做遊戲治療、心理治療，但情況沒有改善！

「太太尤其焦急萬分。她已經焦慮到要看心理醫生了！

「真的不明白，John 在家可是吱吱喳喳的！」

John 不止不說話，連臉部表情都沒有。知道阿 John 喜歡貓貓，我拿出一隻玩具貓給他，他接過來玩，就是不說話。

「你只要說想要，我送貓貓給你！」我對 John 說，但他都一聲不吭。

「我相信 John 把在外邊說話和危險連結在一起。」我對 John 的父母說。

有鑑於 John 已經接受了一段時間的遊戲治療和心理治療，經過解釋並得到其父母的同意後，我處方了阻斷血清素再吸收的藥物（Selective Serotonin Re-uptake Inhibitors）給孩子。

經過一個月後，孩子在陌生人前開口說話了，還成功進行小學面試，獲得取錄。

不肯開口說話的 John

Dr. May 時間

選擇性緘默症的孩子

跟自閉症不同,選擇性緘默的孩子不是「不想或不能説話」,而是「説不出話」。

美國精神醫學學會《精神疾病診斷與統計手冊》第五版(DSM-5)將選擇性緘默症歸於焦慮障礙。選擇性緘默症的孩子,會在「特定」的情境下出現焦慮,導致説不出話來,這個情況大多發生在 2-6 歲的孩子身上,大約有 1% 孩子有這情況,女生比男生多。

跟其他的兒童心理疾病不同,選擇性緘默症的孩子,大多是由幼稚園的老師最早發現。他們完全不理會別人,而家長們因為孩子在家裏完全正常,所以也不明所以。

治療方式

若強迫選擇性緘默症的孩子改變,往往會令情況弄巧反拙。大部份治療介入為漸進式的過程,讓孩子由非口語表達轉到口語表達。

沒有一項治療方式是立竿見影的,需要師長們一起努力,在耐心的過程中見證孩子成長。主要治療方法有:

1. 言語治療

2. 藝術或遊戲治療:利用藝術或遊戲為媒介,幫助孩子減壓和溝通。

3. 藥物治療:研究發現,阻斷血清素再吸收的藥物,對於治療選擇性緘默會有幫助,其功能在於降低孩子的焦慮程度,使孩子放膽説話。

Dr. May： 其實還有一個小女孩 Heidi，她也很令我鼓舞！

Silver： 快告訴我！

Dr. May： 還記得與 Heidi 的爸爸第一次見面的情況。他說：

「我有兩個孩子，大的是個兒子，現在唸中學。女兒 Heidi 今年 10 歲，正在唸小五。我是一個電腦技術員，太太是一個文員。兒子個性陽光活潑，而 Heidi 則令我們非常擔心。

「今天學校老師又打電話給我：Heidi 上課經常『遊魂』，她今天又欠交功課。

「『明白，我會好好督促她的。』我無奈地回應老師。

「事實上，我和太太都很積極幫她溫習功課，Heidi 也認真地學。不過到了考試時，她就是甚麼也記不住！

「最困擾我們的，是 Heidi 到了這個歲數，晚上睡覺時總會尿床。

「太太帶 Heidi 到政府醫院的兒科，做了很多檢查：Heidi 的膀胱功能正常，驗血報告也顯示一切正常！醫院也替 Heidi 做行為治療，但進展不大。……」

焦慮症與我：
解構、探索、療癒

Dr. May 時間

遺尿的 Heidi

夜遺尿（Nocturnal Enuresis），又稱尿床，是指 5 歲或以上的兒童，在睡覺時不自覺地排尿。一般來說，兒童的中樞神經到了 3、4 歲時，通常能夠大約控制到排尿。好像 Heidi 已有 10 歲的孩子，只有 2.5 % 到 10% 有遺尿問題。

夜遺尿的主要原因：可來自父母遺傳、神經系統的因素、發展障礙等。有些個案也可能是基於膀胱和尿道因素。此外，還有情緒的因素，如：焦慮、抑鬱等。Heidi 的遺尿，應該屬於情緒原因。

輕微間中的尿床，隨着小孩子長大後會慢慢好起來！醫生通常說：「過幾年後就會無事，等到發育成熟時就自然好轉，不用醫了！」

夜遺尿若是經常發生，會嚴重影響到孩子的生活質素、使孩子自我形象低落。情況如 Heidi 一樣。

Heidi 的父母用盡方法，包括：控制晚上的喝水量；上床前清空膀胱；使用「賴尿鐘」——「遺尿感應器」，當孩童尿床時，尿液接觸到感應器時會發出聲響，喚醒孩子上廁。行為治療，如：獎勵孩子沒有尿床的日子。父母很努力去嘗試，但都不太成功！

由於 Heidi 的尿床比較嚴重，醫生已經考慮使用睡前抗利尿激素（Desmopressin）藥來減少腎臟製造尿液。

Heidi 十歲還尿床

焦慮症與我：
解構、探索、療癒

Heidi 會不自覺地拔頭髮

我跟 Heidi 談了好一會，忽然留意到 Heidi 左耳上方，有點「髮線後退」，這一點父母也沒有提到。

「Heidi，你自己有留意這情況嗎？」我問。

Heidi 尷尬地低頭不語。

「我自己都不知道……自己不知不覺地拔頭髮！」Heidi 很輕聲細語地說。

我單獨見了 Heidi 的父母

「我們對 Heidi 的情況，感到很無助！」父母很沮喪。

「能夠做的，我們已經做了！不過我承認，學校社工曾經建議我們帶 Heidi 去看精神科，但我們一直很猶豫！」父母對我說。

「你知道女兒除了尿床外，也有拔頭髮的問題嗎？」我問。

「吓！我們不知道啊！」父母說。

「Heidi 的成績一直都不好嗎？」我問。

「不是的，她小一、小二時，功課也是中上的。」媽媽說。

「她是上了小四之後，學業成績明顯退步！」爸爸補充。

Heidi 的診斷

經過一段時間的了解，我診斷 Heidi 得到廣泛性焦慮症。

Heidi 的焦慮症是來得比一般早，因為廣泛性焦慮症大多數都是在青少年至年輕成人階段發病的。這有可能因為 Heidi 氣質內向，有「神經質」（neuroticism），思想負面和容易擔憂。

我釋除了 Heidi 得到專注力不足的疑慮：她在上課時不能集中，是因為她很焦慮。這情況特別是在測驗考試時更為嚴重——腦袋一片空白！

「Heidi 的尿床和拔頭髮，極有可能跟她的焦慮情緒有關！讓我們試試這方面的治療吧！」我向她的父母建議。

Dr. May 時間

Heidi 的進展

一般來說，兒童青少年的焦慮症，都是用認知行為治療。不過 Heidi 的情況比較嚴重，我同時也用了藥物——血清素 SSRI。

另一方面，Heidi 很快就掌握到臨床心理學家梁博士建議她的放鬆練習。

梁博士用行為治療去處理 Heidi 不由自主的拔頭髮行為，關鍵在 3 個「S」：留意（Spot）、停止（Stop）、轉移注意力（Swap）。梁博士在下文會進一步講解放鬆練習和行為治療。

焦慮症與我：
解構、探索、療癒

幸好，Heidi 對藥物和心理治療的反應很好！差不多一個月後，Heidi 的尿床得到很大的改善。

「她現在差不多每個月只有一兩次尿床！」父母開心地說。

隨後，Heidi 的學業成績也有進步！

在此，我希望 Heidi 的自信能再進一步提升，這樣她就更能開放自己，認識多些朋友！

Dr. Leung 治療室

肌肉放鬆練習

我是一名臨床心理學家。當我接到 Dr. May 的轉介時，馬上跟進 Heidi 的情況。當我知道 Heidi 的尿床和拔頭髮是和廣泛性焦慮症有關後，我教她做幾種放鬆練習。

放鬆練習一般包括漸進式肌肉放鬆（Progressive Muscle Relaxation）、深呼吸放鬆（Deep Breathing Relaxation）、和導引意象鬆弛法（Guided Imagery）。當然還有很多大人也喜愛的正念（Mindfulness）修習。

第一次見面，我先教 Heidi 做漸進式肌肉放鬆，因為很多小朋友都喜歡那種肌肉繃緊後又放鬆的感覺。他們覺得很好玩。

我一般會從腳部開始。

「Heidi，想像你脱了鞋，光着腳，踩在泥濘裏。請你用力踩。

沒錯，用腳踩下去，踩到最深。再用力一點踩下去，直至你覺得不能再深了。

「現在，我想你感受一下你的腳用力時是怎樣的感覺。你現在用力把你的腳趾張開，泥濘就入到你所有腳趾的中間。泥濘填滿了腳趾的感覺是怎樣的？

「你做得很好啊！

「現在，把你的腳慢慢從泥濘裏拿出來吧。然後你放鬆你的腳和小腿。你感覺很舒服。然後慢慢地吸一口氣，並慢慢地數 1-2-3。然後慢慢地呼氣，又慢慢地數 3-2-1。」

我這樣帶 Heidi 做幾次深呼吸放鬆後，就開始向上做另一組肌肉。

「現在，想像你在公園裏曬着溫暖的太陽，多麼舒服啊。你現在好想伸個懶腰，於是你把兩隻手舉高，再高一點，好像差點就要觸摸到白雲了。現在把你的手臂放下，感覺一下兩隻手完全放鬆。你做得很好呀。」

「現在我們再來一次伸懶腰……」做了兩三次伸懶腰後，我又帶着 Heidi 慢慢地做深呼吸練習幾次。然後又再往上做下一組肌肉。

「Heidi，現在我希望你想像：我們要擠一杯檸檬汁。你的左手和右手都握着一顆檸檬。你現在就用力地握緊它。是的，檸檬汁開始流出來了。現在把你手中的檸檬放開。感受一下剛才用力握緊檸檬和現在雙手放鬆的分別。好舒服啊。好了，我們又再拿起兩個新檸檬。這兩個檸檬比上次那兩個硬一些。所以我想你比上次更用力。

焦慮症與我：
解構、探索、療癒

「是的，你做得很好。檸檬汁又開始流出來了。你現在把你手中的檸檬放開，又再感受一下剛才握緊檸檬時和現在好放鬆的分別。」

就這樣，握了幾個檸檬。「做得很好呀，擠了滿滿的一杯檸檬汁了。現在我們又一齊做深呼吸練習吧。慢慢吸氣1-2-3……」

然後，又往上做最後一組肌肉——面部。

「今天是暑假最熱最熱的一天。你還要站在戶外，太陽非常猛烈的曬着你，太陽光照射着你。你現在就馬上用力閉上眼睛，不讓陽光刺眼。還是看到一點陽光，所以你要再用力點閉上眼睛。好了，天上有雲擋着太陽。現在你可以打開眼睛了。

「現在我們又一齊做深呼吸練習吧。慢慢吸氣 1-2-3……

「糟了、糟了！那朵雲飄走了，太陽又曬着你了。你又要馬上用你最大的力氣閉上眼睛……」

這樣就是整套的漸進式肌肉放鬆練習，讓 Heidi 可以漸漸放鬆腳、手、肩膊和面部的肌肉。父母也可以每天帶着孩子做這套放鬆練習。

「Heidi，現在我想你放鬆全身的肌肉，感受一下全身放鬆時是不是很舒服呢。每一天，當遇到令人緊張的事情時，你就可以自己做這套放鬆練習。如果你害怕記不起怎樣做的話，便記着這些字詞：踩泥濘、伸懶腰、擠檸檬，和太陽光，這便可以啦。相信你每次做完之後都會好像現在的放鬆，好舒服。你今天做得非常好呀！」

第二次見 Heidi 時，由於她忘記了某些要放鬆的部位，於是我

又再和她做一次漸進式肌肉放鬆。

第三次見面時，Heidi 因為經常練習，已經可以自己做足整套的漸進式肌肉放鬆練習了。於是，我就教她另一個放鬆練習——導引意象鬆弛法。

導引意象鬆弛法

「Heidi，今天我們試做另一種鬆弛方法。你現在閉上眼睛，在腦海中想像一個你去過、讓你很開心的地方，例如沙灘或公園。」

然後我加入五種身體感覺（five senses）的元素，以加強 Heidi 放鬆的感覺。

「你現在看到甚麼？

「聽到甚麼？

「嗅到甚麼？

「舌頭有甚麼味道？

「還有，你雙手觸摸到甚麼？

「雙腳踩着甚麼？

身體皮膚感覺到甚麼？」

Heidi 原來喜歡到沙灘。她告訴我，走在沙灘上，赤腳踩在幼沙上很舒服。溫和的陽光曬在她身體上，感覺很溫暖。她聽

到海水沖上沙灘的聲音，反而覺得很寧靜。她還看到像鹹蛋黃的日落太陽，感覺好舒服。Heidi 還說拿着一罐忌廉溝鮮奶，味道「超正」。

有時我也會帶着 Heidi 做深呼吸來放鬆。深呼吸放鬆又叫腹式呼吸，意思是當我們吸氣時，應該感覺到肚子膨脹起來，而不是縮下去。為了加強這個感覺，我通常會請小朋友帶着一個小玩偶來。

「Heidi，你現在把小熊仁放在肚子上。吸氣時，你會見到『她』升起來。現在慢慢吸氣 1-2-3-4-5。對了，做得很好，我見到小熊仁也慢慢升起來。現在慢慢呼氣 5-4-3-2-1。對了，做得很好，我見到『她』慢慢降下去。」

感覺練習

當然，少不了大人和小朋友都很喜歡的正念練習。我會先準備一些工具，例如：石頭、羽毛，又或一隻碟子。

「Heidi，我想你現在閉上眼睛一分鐘，用你的雙手慢慢感覺一下這塊石頭。感覺一下它的軟硬；感覺一下它的紋理、它的質感；感覺一下它的形狀、重量……」通常小朋友比我們還要有創意。

靜聽練習

我會讓 Heidi 閉上眼睛，然後播放一些大自然的音樂，讓 Heidi 用一分鐘的時間，說出聽到甚麼。

「我聽到風聲、雨聲、雀仔叫聲、水聲、青蛙、蟋蟀……」

我特別喜歡從 Calm.com 播放大自然的聲音。這也是我自己一個很喜歡的放鬆方法。畢竟，作為一名臨床心理學家，我經常都會聽到一些創傷經歷，或令人慨嘆的事情！

就這樣，不到幾個月，Heidi 學會了這四種放鬆練習。她也很喜歡、很勤力做這些練習。其中一個關鍵，就是在見面時，要不斷帶着她重複練習，而不是教了一次就叫她回家自己做。

在教 Heidi 放鬆練習的同時，我用行為治療針對處理她的拔頭髮行為。我發覺 Heidi 的這個行為，其實是無意識的。每當她的大腦產生一些負面想法時，她就會產生焦慮，繼而不由自主地拔頭髮。所以我用三個 S 來幫她改變行為：留意（Spot）、停止（Stop），和轉換 （Swap）。

「Heidi，我們的大腦會注意一些負面的資訊較注意正面的多。這是為了幫助我們避開危險。試想想，我們遇到獅子、老虎或蛇的時候，如果大腦不會提醒我們，我們就有危險了。可是有些負面資訊不是真實的，只是大腦的負面想法而已。」

先給 Heidi 一些心理教育很重要，讓她不會覺得自己是個怪人，產生這麼多負面情緒。

「你現在知道我們的大腦為甚麼會產生負面想法。所以我想你多留意，每當大腦產生負面想法，你就跟自己說：『停！我的大腦又有負面想法了！』如果這個負面想法太強烈時，你可以嘗試用橡皮圈彈自己的手。然後就將這個負面想法換成一個好正面的想法。

「例如你的大腦跟你說：『因為你的成績不好，所以同學不跟你玩。』你知道這不是事實，所以你可以換成這個正面的

焦慮症與我：
解構、探索、療癒

想法：『我的成績好不好，我的朋友都會跟我玩。』」

Heidi 很想改變，每次見面都很用心，很快就學會了各種放鬆練習。她的拔頭髮行為也大大減少了。

幸好，Heidi 對藥物和心理治療的反應也很好。

差不多一個月後，Heidi 的尿床得到很大的改善。

「她現在差不多每個月只有一、兩次尿床！」父母開心地說。

隨後，Heidi 的學業成績也有進步！

在此，我希望 Heidi 的自信能進一步再提升，這樣她就更能開放自己，認識多些朋友！

Silver：　　Dr. May，說說大一點的孩子吧！

Dr. May：讓我陳述 Amy 的個案，她跟 Mary 一樣，也是拒絕上學。

Silver：　　有甚麼不同嗎？

Dr. May：Amy 是自己單獨見我的，她請父母留在診症室外。Amy 患上廣場焦慮症（又稱廣場恐懼症）。

拒絕上學的 Amy

我現在才知道原來自己患上廣場焦慮症。

我今年升中六，功課壓力很大，但我不能回校上課，因我不能乘坐公共汽車和過海地鐵，而恰巧我學校在「對面海」。糟糕的是，還有一年就要考 DSE（香港中學文憑試），我很擔心要跟一大群人在試場考試。

社工曾經打電話到我家：「Amy 你發生了甚麼事？」

經了解後，學校社工轉介我去看醫生。

「我怕在人群中逃走不了！」我對醫生説。

「Amy，你這情況甚麼時候開始？」醫生問。

回想是大約幾個月前，有一次，我在巴士上肚痛，差點兒失禁拉了出來！

自此之後，我就很害怕乘坐公共汽車，萬一自己再肚痛失禁，情況會很尷尬！

最困擾的，是我不能回校上課。我不知如何去應付 DSE！我心慌意亂哭了出來。

焦慮症與我：
解構、探索、療癒

Amy 懼怕在人群之中

廣場焦慮症

我給 Amy 的診斷，是廣場焦慮症。Amy 本身都是一個容易焦慮的人。

廣場焦慮症的特徵，就是不能待在一大群人中，或置身於交通工具上。這樣子的場合會誘發驚恐發作。病人在心跳加速和呼吸急促的情況下，會感到暈眩和窒息，他們心裏想：「我可能心臟病發！」或是：「我會暈倒在地！」

而 Amy 的情況是：「我怕失控拉肚子！」結果是，他們不敢到人多擠迫的地方，也迴避到不容易找着「出口」的地方。

Amy 的治療

Amy 接連幾個月接受我診治，服用了抗鬱藥血清素後，焦慮情緒輕微改善，但是很多地方仍迴避不去。

我替 Amy 進行認知行為治療：首先是學習鬆弛技巧，然後把自己逐步暴露在她認為會誘發驚恐症的場景，我要 Amy 在這些場景中待著，運用放鬆練習，讓焦慮感下降才能離開。

此外，我也積極改變她的認知：事實上成人不是嬰兒，是能控制排洩功能的。在交通工具上失禁，是災難化的想法。

不過治療的秘訣和關鍵處，是不再「迴避」。只要肯面對恐懼，就能讓自己真正實驗到事實根本不是那麼可怕。大部份的恐懼都是想像中醞釀出來，而迴避是令你永遠看不到這個真相。

有一次覆診的時候，Amy 的父母找我。

「醫生，你究竟幹甚麼的，女兒好像進展不大！」爸爸説。

「醫生，我可以為女兒報讀生命成長課程嗎？我認為只來看你，她進步得益不大！」媽媽説。

「因為 Amy 的病要有行為治療，既然她的進步比較膠着，可以找臨床心理專家進行較深入的治療。」我説。

診所裏大家七嘴八舌，唯有 Amy 縮在一旁流淚。

之後有一次，因為父母去了旅行，Amy 獨自一人來見我。此時，她已在心理專家那裏開始了治療。

我曾和心理專家商量，也跟學校的社工聯絡，看看如何一步步地令 Amy 回校上課。事實上，Amy 的情況漸漸有了改善。

看見 Amy 的父母不在，我趁機問 Amy：「你上次與父母一起時有甚麼感受？」

「他們好像不給我發言的機會！」Amy 説。

「你為甚麼哭起來？」我又問。

「我不喜歡他們做事都自以為是，甚麼生命成長課程，叫他們自己去唸吧！」Amy 回答。

「你平時很少堅定地説出自己的看法和感受？」我嘗試了解。

「是的！想起來，我那時對父母感到頗抗拒和憤怒，但我不

懂説不。」Amy 説。

「那你有沒有上他們介紹的課程？」我又問。

「沒有，他們不取錄我，負責人覺得我對那課程沒有熱誠。」
Amy 説，「面試時我不停告訴他們我有焦慮症。」

「你很懂 say no， 不過你用 passive aggression 而已！學理
直氣壯去 say no 吧！」我笑着説。

在治療 Amy 的廣場焦慮症外，我還希望可以更好的了解
Amy ，她一直不善於表達。我感到這是跟 Amy 溝通得最真誠
的一次。能啓發 Amy 覺察自己的情緒，恰當處理憤怒，表達
自己的訴求，我想這些跟治療廣場焦慮症同樣重要。

Silver： Dr. May，恕我膽敢問問你，你有治不好的例子嗎？

Dr. May：有的，當然有！譬如一位名 Hannah 的女子。

Hannah：我的手佈滿鎅痕

鎅手是我的朋友？敵人？看見自己手臂都佈滿鎅痕，我的心
情很矛盾。

我怕被別人標籤為問題少女，但鎅手卻是我焦慮情緒的冷卻
劑！

我生長在一個中產家庭，媽媽是老師，爸爸是銷售員。自幼品學兼優，並常常被老師委以重任。

我經常都扮演着領袖的角色，同學做不來的事情，我都一一承擔。其實我是一個完美主義者，我最看不過同學做得太馬虎。

我最抗拒的就是要打電話給陌生人和機構，因為我沒有把握對方到底會怎樣回應，我連面部表情也看不到。

我不喜歡自己：常常控制不住自己天馬行空，把事情都想得很糟糕。到了這個情況，我會感到很緊張：心跳加速、手震流汗、氣促胸翳、喉嚨收緊⋯⋯我受不了，我鎅手，那痛感令我感到很舒服，我的焦慮不安得到舒緩了。

為了不讓別人看到手臂，我盡量交叉雙手在胸前跟別人說話。不過還是被我的好同學發現了，她們把我帶去見社工。

社工勸我要看醫生，我跟父母商量，他們也同意了。

Dr. May 診症室

「醫生，我也不想鎅手，只是我太辛苦了！」Hannah 跟我說。

「這習慣維持了多久？」我問。

「有兩年了，我 13 歲的時候開始的。鎅手令我整個人冷靜下來，停止我的胡思亂想。我不是想尋死。」Hannah 說。

Hannah 常常鎅手

焦慮症與我：
解構、探索、療癒

「你有用其他方法放鬆自己嗎？」我問。

「有的，跑步運動也有幫助，但我一來沒有時間，二來跑步不及鎅手『方便』。」

「為甚麼說鎅手不好？我又不是真的傷害自己，我更不會影響別人。」Hannah 說，「……其實我的睡眠也不好，唸書的集中力也下降。」

我見了 Hannah 的媽媽，她說：「醫生，我和丈夫沒有給 Hannah 太大壓力，她反而對自己要求過高。不過我們下個月就要移民了。我擔心 Hannah 對新環境的適應。」

我無奈地對 Hannah 媽媽說：「要是你早點帶 Hannah 來，她的治療會更為詳盡。焦慮情緒病，往往要藥物和心理雙管齊下，效果也不容易立竿見影。」

我給 Hannah 的診斷，是廣泛性焦慮症，我相信她也有完美型人格特質。

Hannah 的治療

為了加速療效，我開了血清素給 Hannah ，我同時轉介她到臨床心理學家那裏。

「你要學習正確方法處理焦慮，認知行為治療可以改變你災難化的思想。」

Dr. Leung 時間

自傷行為（self-harm behavior）近年在青少年中的出現率有越來越嚴重的趨勢。自傷行為中，鎅手是最普遍的，也有撞頭、火燒等。以前有自傷行為特別是鎅手的青少年，很多都是家庭背景複雜，包括父母離異、本人離婚，又或從沒正式結婚，又或是父母都非常年輕，甚至母親是未成年懷孕等，像這樣的家庭背景很普遍。病人的家庭收入也遠低於社會上家庭平均收入中位數。又或是她們在孩童時曾經遭遇性侵犯（sexual abuse），或其他的虐待，如肢體虐待（physical abuse）和情緒虐待（emotional abuse）。

可是近這幾年，情況有些不同。多了一些鎅手青少年學生，其父母各自收入都不錯，甚至是專業人士，家庭資源也不錯。這些青少年也沒有甚麼不幸經歷。

Dr. Leung 治療室

「你好，Hannah。」我第一次見新個案時都這樣打招呼。

「你又是叫我不要鎅手，我聽過無數次了。」Hannah 的回應讓我感到她並非自願來見我的。

「可以讓我看看你雙手嗎？」我問。她也頗為大方讓我看。她鎅手的傷痕也不是特別多或特別嚴重。

不過每次看到鎅手，我就永遠不會忘記在芝加哥一間精神病院實習時見到的一幕影像。當時我帶領着小組治療，一名十多歲因自殺入院的男青年組員展示他的雙手。一對手臂全是交錯重疊的鎅手傷痕，有直有橫、有長有短、有深有淺、有

新有舊。雖然從沒機會仔細數算過，但相信雙手加起來有超過一百度傷痕。

「我不會就這樣叫你不要鎅，因為我知道你有你的原因。」

「你知道我的原因嗎？」

「不知道，除非你告訴我。」我想讓她知道，如果她告訴我的話，那是她的選擇。

「其他人是甚麼原因？」Hannah 還未講自己的事，反倒是想知道別人為甚麼會鎅手。這也可能是我們第一次見面，講講別人的事讓她感覺沒那麼沉重。

「有些鎅手的人內心深處的空虛感太強烈，完全感覺不到自我的存在。心靈空虛的痛苦實在不能用言語形容，唯有通過自傷行為，把無形的痛苦至少轉化成有形的、實在的痛苦，使自己暫時獲得一刻的解脫。」我也趁機會給她一些心理教育。

「就只有心靈空虛？」Hannah 這樣問，似乎意味着她不是這個原因。

「當然不是。也有些是為了懲罰自己，也有一些是為了找回失去了的控制感覺。」我繼續説。

「其實我也不是想自殺。」她開始講她自己了。

「我知道。」我希望她知道我是明白她的。

「你的病人也是？」她好奇的問。

「自傷行為有別於自殺。一般而言他們的自傷行為不是為了尋死。舉個例子：他們鎅手時，患者通常很有『技巧』，不會導致自己大量失血。這個鎅手行為和割脈自殺的人不同。可是很多人都會誤會，把自傷行為當作自殺行為來處理。」聽了我的分析後，我感覺 Hannah 好像是投入了一點，可能意會到我比起其他人更明白她一點吧。

「你的病人都讓你難忘嗎？」她繼續問。我也不介意講，因為她想知才會問。我和青少年有時就是這樣開始建立關係的。

「我就有這樣的一個經歷。當我還在芝加哥一間中學當輔導員時，一位華籍的中學女生被同學發現她鎅手，同學告知老師。可是校方誤以為學生想自殺，因此下令她馬上搬離宿舍，以防止她死在校內。校方反而沒有安排學生當時最需要的心理輔導。」我專注的講，她留心的聽。

「我是一個完美主義者，我看不慣其他同學做得太馬虎。」Hannah 開始願意講出自己的感受。

這絕對是好的開始。往下來就是營造一個安全的環境，讓她無須害怕被人批評或標籤，可以盡訴心裏的鬱結。然後便探討用鎅手來解決情緒問題這方法在過去是怎樣形成的，以及有甚麼潛在的問題。然後我會用辯證行為治療（Dialectical Behavioral Therapy）教導她處理情緒的四個方法，包括正念（mindfulness）、人際效能（interpersonal effectiveness）、痛苦忍受（distress tolerance）和情緒調節（emotion regulation）。

只是 Hannah 還有不到一個月就要跟隨家人移民了，見了她幾次便要停止治療。還好最後一節約了 Hannah 和她媽媽，

焦慮症與我：
解構、探索、療癒

並在這節家庭治療（family therapy）中，成功加強了兩人的溝通。我還叮囑她們去到新的地方後要盡快尋找治療師繼續跟進。

Dr. May 診症室

「自殘有甚麼問題？我不明白為甚麼我不可以自殘？我只是用鎅刀傷自己的大腿，沒有大礙，也不影響他人！」不少病人曾經這樣對我說。

「你為甚麼需要這樣做？」我問。

「因為我有不開心的時候，我想把情緒趕走！身體的痛楚可以把我的負面情緒掩蓋！」像極了 Hannah 的回答。

「有甚麼別的方法嗎？」我問。

「這個好用，又便宜又快捷！」跟 Hannah 如出一轍。

事實上，鎅傷自己，身體會釋放一種自然的安多酚（endorphins），有鎮痛作用，類似鴉片。

「這樣做有很多潛在問題！」我告訴 Hannah。

「第一，你不能好好覺察情緒。當然，你也沒有可能辨識這些是甚麼情緒：愉快、悲傷、蔑視、憤怒、厭惡、驚訝、恐懼等七種人最基本的情緒。最重要的是意識到之後，有沒有接受面對這些情緒，檢視其背後的想法！」我說。

「知道了又如何？」Hannah 問。

「知道了，就能好好處理情緒，就其背後想法，明白了解自己。有勇氣的話，更可以挑戰一下自己：這些想法是對的嗎？有沒有其他可能性？能把這些養成一個習慣，就能轉化情緒，達到自我成長！」我繼續說。

「一定要這樣子做嗎？」Hannah 問。

「若你總是為負面情緒找捷徑，當這成了習慣、上了癮，甚至成為條件反射時，你處理壓力的能力就很脆弱！你缺乏了對自己的認識，如何培養反省能力、解難能力、良好的 EQ？

「自殘是你的朋友，也是你的敵人！」我說。

Silver： 很可悲啊！

Dr. May：現今教育其中一個大問題，就是缺乏生命教育。生命教育最基礎的目標，就是培養對生命的尊重。

生命是最基本的價值，人一生只能活一次，生命是所有其他價值的基石。

怎樣才算尊重生命？最起碼的要求，是要珍惜自己的生命。

Silver： 我們小精靈也有生命，不過我從未聽過精靈要自殘。

焦慮症與我：
解構、探索、療癒

Dr. May：現今校園內，經常發生學生自殺問題。這當然有很多原因，不能一概而論。這包括教育體制問題、考試壓力、同儕之間的壓力、家庭問題、學童患有抑鬱症等。不過也可以是學生自己的原因：就是把生命看得太輕，一點不如意、遇到挫折，一時想不開，就結束了自己的生命。

我記得作家周國平對生命教育如此説：「熱愛生命是幸福之本；同情生命是道德之本；敬畏生命是信仰之本。」

Dr. Leung 治療室

遇上適應困難的 Mike

「我想自殺。」

美國芝加哥，一個普通的日子，早上上學前，17 歲的中學生 Mike 突然對着媽媽説出這話，嚇得她失魂落魄。這是他第一次説這種令人吃驚的説話。

Mike 從小到大品學兼優，無須媽媽太費心。Mike 忽然説想自殺，但媽媽連番追問下，他都不願多説。媽媽馬上致電通知學校。兒子亦如常上學。學校收到通知後，亦啟動既有的程序，馬上通知當時作為駐校心理輔導員的我。由於學生透露自殺念頭，我亦不敢怠慢，馬上開始研究 Mike 的情況。

模範生一名

我研究了 Mike 的檔案和與班主任面談後，得到的印象是：原來他學業成績和品行都非常優異，經常參與義工活動，又願

意幫助同學，是校長、老師、同學們心目中的模範學生。

Mike 的家庭屬中產以上，父母二人關係良好、家庭融洽，父母亦經常參與學校的活動，對兒子在學校的情況掌握得很清楚。班主任和父母亦經常接觸，完全察覺不到 Mike 有甚麼異樣。我也實在想不出這樣的一位品學兼優的學生，怎麼會無緣無故的產生自殺念頭。

美國的教育制度是這樣的：學生完成幼稚園後，便入讀第一班直至第 12 班，第 12 班畢業後即可進入大學或社區學院。而 Mike 就是一位第 12 班的學生，亦即是準備翌年升讀大學。Mike 的班主任表示，以他的成績和校內校外活動的表現，要入讀東岸或加州的有名大學，絕對不成問題，應該不會是擔心入讀不了心儀的大學。

我越想越不明白，他成長於這樣的家庭，怎麼無緣無故產生自殺念頭呢。我越不明白，就越希望了解和幫助 Mike。

「我不想讀甚麼名校。」

Mike 回到學校後，我馬上約見他。面談過程中他非常配合，亦不介意向我承認有自殺念頭。原來他的自殺念頭源於擔心翌年要離開讀了 12 年的母校和芝加哥的所有家人，而遠赴坐飛機也要四個多小時航程的加州大學。最令我不明白的亦正正是這一點，因為很多成績卓越的學生都以入讀加州大學為目標。

焦慮症與我：
解構、探索、療癒

疑團終於解開

左手	正箕	帳篷弧	正箕	正箕	正箕
右手	正箕	正箕	正箕	斗	正箕

我為了深入了解 Mike 的思維模式，決定請他給我看看十指皮紋。看過後，終於解開了疑團。原來 Mike 大部份指紋都是正箕，但偏偏在左手食指上有個弧紋。原來有弧紋的人其特質是身體本能的需求很強，必須睡飽吃夠。一旦餓了或睡眠不足，就會像一輛無油的汽車一樣。另一個特質是在陌生和熟悉的環境中，表現會有天壤之別。在熟悉環境或有相熟朋友陪伴時，就如魚得水，談笑風生。可是，一旦離開了熟悉的環境或自己的舒適圈，進入了陌生環境當中，便頓時整個人會被焦慮征服、變得繃緊和非常小心謹慎。

Mike 正是非常擔心要入讀加州大學。他擔心，不單只在校園內，就連在加州也沒半個朋友。申請過程中亦沒有參觀過大學，令他對加州大學所知不多，因而感覺非常陌生。這就是所謂「弧紋發作」。Mike 在面對憂慮中，又不懂得紓解自己的情緒或尋求協助。眼見離開畢業的日子和飛往加州的日子一天一天接近，越加焦慮，終於產生了自殺的念頭，以為這樣就可解決問題。

個性化的治療方案

Mike 需要的是一個個性化的治療方案（Individualized Treatment Plan）。

明白了 Mike 的先天特質和憂慮背後的思維後，我與他共同制定一個簡單而直接有效的治療方案。首先我和他一起瀏覽加

州大學的官方網頁，了解大學的歷史、校園環境、學生統計數據、報讀學科和教職員等詳細資料。然後我鼓勵他尋找自己與大學可能有的關聯。後來 Mike 得知他的母校有一些校友正在就讀該大學。我鼓勵他聯絡那些校友，他們亦回覆了，並且毫不介意細說了自己的適應過程，還邀請 Mike 屆時參觀大學校園和科系設施。Mike 欣然接受。

現在，雖然 Mike 還未到過加州，但對將要入讀的大學感覺不再陌生，亦知道有師兄在等着他，焦慮程度大幅下降。加上我的鼓勵，Mike 學會如何調適自己的情緒和遇上壓力時的因應之道。他也明白了真的遇上困難時可以主動尋求協助，自殺的念頭自然消失。

Mike 的個案並非特別複雜。可是，假若當時的輔導員並不了解他的先天特質和基因，制定的治療方案可能更為複雜，亦未必能明白和針對他對陌生環境的過份焦慮。這就好像隔靴搔癢：如果個案參與了幾節的治療後，仍然感覺到輔導員並不了解自己的憂慮，又或感到輔導員未能幫忙，隨時約好了下一節見面也不會出現，有提早結束治療的可能性。

透過 Mike 這個個案，我想表達的，是藉着了解每位案主的皮紋和先天特質後，與他們共同制定的治療方案將會更為簡單直接，更容易得到立竿見影的效果。

焦慮症與我：
解構、探索、療癒

第**3**章 青壯年時期的焦慮症

Silver：　Dr. May，焦慮症在成年人方面，又會如何？

Dr. May：Silver，你不如猜猜看，是比兒童少年期多些？還是少些？

Silver：　會否少些？因為成人了比較懂事。

Dr. May：Silver ，其實焦慮症在年輕的成年人中有很高的發病率，成因是遺傳、心態，加上環境壓力。讓我舉一些例子來說明。

Ben：我的腸胃令我受盡折磨

我今年剛剛考上大學。正當家人都為我鬆一口氣，我自己不作如是想，我感到很不忿。我 DSE 考得實在太差了！我不明白，我那麼努力不懈地準備考試，卻沒法擁有星星滿滿的成績表。

別人說我的成績已經很好。不過你若看到我背後付出的努力，這個成績真是令人氣餒。

上高中以來，我盡可能把時間都放在溫習功課上：我會把握小息的時候孜孜苦讀。午膳時，我匆匆忙忙地吃過飯盒，便拚命操練各種補充練習和歷屆試題。

「媽媽，我打算不再去打羽毛球和補習英文了。這樣也省些金錢。」我告訴媽媽，媽媽也不以為意。事實上，我覺得往返這些活動也浪費了交通時間。

Ben 通宵達旦應付考試

令我困擾的是，每逢在考試期間，我就徹夜失眠。我漸漸多了頭痛和肌肉痠痛。不過最令我困擾的，就是我的腸胃不適。

我的肚子很痛，胃很脹，經常嘔吐大作不止。我的情況在考試期間越來越嚴重。

「這樣下去不行了，我要送你到醫院去。」媽媽心痛的對我說。

「我不想去，去了我不能溫習考試！」我很不情願的跟媽媽說。

不過最後因為太辛苦，還是進了醫院打止嘔針和掛點滴。我真是感到很無奈。

我還感到很無助，因為父母四處找名醫替我檢查和找病因，我做了很多身體檢查，包括不知多少次的腸胃鏡檢查。

「我轉介你去看一位教授。」一位大學的知名內科腸胃教授對我說。

最後在大學的外科教授建議下，我接受了腸胃的手術。儘管我受了很多肉體的煎熬，父母也心急如焚，花了金錢在所不惜。但令我們沮喪的是：我的腸胃不適和嘔吐大作還是跟之前一樣，沒有絲毫改善。……

Dr. May：阿 Ben 的媽媽在我見阿 Ben 前，要求先跟我見面。

Silver：　媽媽可能有些事情不方便在兒子面前說。

焦慮症與我：
解構、探索、療癒

廣泛性焦慮症

「我們真的好沮喪無助，不知道如何是好？

「阿 Ben 考 DSE 時，也是撐着不舒服的身體進入試場的。就在放榜的那天，Ben 都是因為嘔吐大作而住進醫院，是我們替他拿取成績單的。」Ben 的媽媽説。

想像到 Ben 考試時期的情況，儘管他曾付出一百二十分的努力，以他身體的狀況，他能拿到這個成績，真是一點也不容易。不過我相信若他考試期間的身心狀態好一點的話，他應該不只得這個成績。

「阿 Ben 好棒啊，這成績入大學也有很多選擇。」我由衷的説。

後來我知道阿 Ben 的治療期間，曾經有腸胃科醫生提議阿 Ben 看看精神科醫生。

「我們看過兩次了，但是他仍然腸胃不適！」Ben 的父母説。

不過我相信這也許是父母對「精神科」這個名稱的抗拒，畢竟精神科帶有負面標籤，而精神科的治療，需要比較長的時間，不能立竿見影。

只見阿 Ben 外形好像初中生的樣子，面色蒼白，雙眼無神，好像營養不足、發育不良的孩子。

「你每天的飲食習慣如何？」我問。

「家中有甚麼食物，我就吃甚麼！不過我不能吃煎炸類食物，因為影響消化！」Ben 説。

「你喜歡吃甚麼？」我再問。

「哪種食物進食方便，我都喜歡！」他答。

詳談下來，我發現阿 Ben 説話總是顧左右而言他，對一些個人感受問題，他目光更是左閃右避。

我正感到會面膠着時，卻留意到阿 Ben 在不為意時寫下了自己的願望，下意識地透露了心聲：

「我想活出自己！

「我能夠敢於説出自己心裏的想法和感受！」

不過之後的阿 Ben ，對我都是閃爍其詞，只是片面地説出自己的擔心和不安。

「我對現在所唸的科系沒有甚麼興趣！我差一點兒分數就能入讀我心儀的科目！」有一次他喃喃自語地説。

「你喜歡唸甚麼科目？」我問。

「我暫時又不能確定自己究竟喜歡甚麼，就像我現今所唸的，終究也是讀下去才感覺到不適合自己！」

又是一番説了等於沒有説的空話。

焦慮症與我：
解構、探索、療癒

「我在職業治療課程上已經有兩次留級了，這個考試我又再不合格，我很沮喪。」Ben 説。

「可能你不適合這課程。」我説。

「好像有一點，我的溝通和手眼協調比較差。」Ben 自己也承認。

「不過我看看補考成績如何再算，始終已經讀了三年，這課程出路也不錯。」

我覺得 Ben 不希望自己做決定，而是藉由環境的淘汰，來決定自己的方向。

阿 Ben 説話左搖右擺，閃閃縮縮。他顯然十分迴避現在的處境，他對自己的情緒覺察力很低。對於前景總是猶豫不決。

「你有甚麼減壓方法？」我問。

「沒有⋯⋯好像洗澡的時候我舒服一點。」Ben 説。

原來 Ben 一天可以洗澡五、六次。

我對阿 Ben 的臨床診斷是廣泛性焦慮症，他也許有述情障礙（Alexithymia）。我覺得阿 Ben 也在逃避自由（一種存在焦慮）。

Dr. May： 阿 Ben 的焦慮症，差不多百分百反映在他的腸胃症狀上。他根本説不出他情緒上的困擾。

Silver： Dr. May 你之前有提過的述情障礙，究竟是甚麼？

Dr. May： 述情障礙是一種人格特質，他們找不到情感的表達：no words for feelings，是情感上猶如「色盲」。他們有情緒，但偏偏不能意識、區分，更遑論思考和處理情緒。情緒感受不能經言語表達出來。

所以阿 Ben 不是不想表達這些，而是不能夠。

醫學研究人員對述情障礙已經有 40 年的研究，但它不屬於 DSM-5 的診斷，很少患者因為這情況去找醫生。在很多情況下，它是伴隨着焦慮症、抑鬱症、自閉症等出現。

在一些案例中，述情障礙的患者，也有腦島（insula）的失調，而這情況也在一些飲食失調患者中出現。

述情障礙可以因為遺傳基因，或腦部受創受損所引致。

述情障礙者對自己內心感情陌生，也不能理解別人。同樣地，別人也難以進入他們的內心世界。正因如此，有述情障礙的人，人際關係也有障礙。

由於缺乏情緒覺察力，對內心世界欠缺好奇心和想像力，阿 Ben 偏向關注外在的東西。Ben 為人非常現實；邏輯思維很好，擅長數學和理科。

焦慮症與我：
解構、探索、療癒

Silver： 那麼阿 Ben 的情緒出口是甚麼？

Dr. May：對，情緒是需要出口的！阿 Ben 強烈焦慮就反映在他敏感的腸胃上，而腸胃是我們「第二個大腦」（second brain）有很多神經傳遞物質（neurotransmitters）。難怪阿 Ben 的焦慮和挫折感，令腸痛胃脹、嘔吐不停等症狀表現出來。

Dr. May 診症室

「你試試寫日記，特別在你腸胃不適的情況下，寫寫四個 W 和一個 H：Where、When、What、Why 和 How。其中 Why 是最難言喻的。」我跟 Ben 説。

Ben 説：「我感到很不忿，為甚麼我比同學加倍努力，成績卻只是一般……我很失望……

「我不甘心，我要跟時間賽跑，把我生病所耽誤的時間追回來，我很憤怒，為何我會這樣……

「我在名校畢業，是高材生，我要尋回我的優越感！

「我一想到前途，就感到很焦慮擔心、很迷茫……我又胃痛了……」

透過日記，Ben 漸漸看到腸胃不適與他情緒的關係。可惜他又是為了怕浪費溫習的時間，放棄了寫日記。

若 Ben 肯慢慢地由身體症狀開始，去學習分辨自己的情緒反

應模式，便可以嘗試處理這些情緒。經過一段時間，哪怕是數月，甚至數年，當情緒能得到適當處理舒緩時，我相信他的腸胃問題就可以解決。

Dr. May 時間

腸易激綜合症

腸易激綜合症（Irritable Bowel Syndrome, IBS）又稱腸躁症。IBS 是形容一種長期的腹部不適：胃脹、肚痛、便秘或肚瀉等狀態。當然 IBS 不是腸胃炎，也不是炎症性腸病（Inflammatory Bowel Disease）。

好消息是：IBS 不會對腸胃造成永久性的傷害，也不會因此令患上大腸癌的風險增加。

IBS 的症狀因人而異，通常在飯後不久，患者會感到腹部抽搐、腹痛、胃脹、便秘或肚瀉等。

IBS 是由多種因素導致：腸胃是我們第二個腦，有很多大腦傳遞物質和受體，我們透過它而得的直覺（gut feeling / gut sense）很準的。心理壓力、焦慮、抑鬱、恐慌等，都會使腸胃功能失調，也是 IBS 的常見原因。

我們很難徹底根治 IBS，但有方法控制其症狀：

1. 避免進食腸胃負荷不來的食物；

2. 處理壓力：症狀因壓力而惡化，能意識並處理好壓力，IBS

焦慮症與我：
解構、探索、療癒

的症狀可以舒緩；

3. 藥物治療：根據情況，可能除了抗生素外，益生菌或纖維補充劑等也有幫助；患者還需要處理情緒失調，如抑鬱和焦慮症等。

Dr. May 診症室

學習的兩種模式

「Ben，你不可以一味地埋頭苦讀。我建議你去看《大腦喜歡這樣學》（*A Mind for Numbers*）這本書：學習有分『專注模式』和『發散模式』。」我說。

「你可以說說這兩種模式是甚麼嗎？」Ben 問。

「有時候我們絞盡腦汁都想不通的問題，散步時或洗澡時突然靈光一閃。

「根據書中記載：我們的大腦思維模式大致上可以分為兩種：

1. 全神貫注的專注模式：屬於聚焦的在某事物上，進行針對性、邏輯性、理性分析的思考模式；

2. 放鬆不刻意的發散模式：屬於放鬆、全面性、靈感乍現的思考模式。」我告訴 Ben。

「你太過側重於專注模式，但學習不是一味的埋頭苦讀。專注模式要配合發散模式，相輔相成，便會令你的學習事半功

倍。」

我苦口婆心的勸告，換來的是阿 Ben 的一句：「這些東西有用嗎？好像很浪費時間！」

又是要追趕因生病而落後他人的時間。他所有的努力，都源於他的缺乏安全感和抑壓着的不忿。

阿 Ben 還是日以繼夜地、事倍功半地溫習。當然他的腸胃不適還會繼續下去。

Silver： 你們人類有兩種學習模式，真是有趣！

Dr. May：當我們想進行策劃、解題、閱讀、寫文案、想企劃的時候，我們大多都是在針對性、理性、循序漸進地運用專注模式。但是，這種模式會令人常常碰到一種認知偏誤，像是把問題想了半天、把題目算了整天，結果還是錯，這是因為你習慣用自己的思考模式想問題。

一開始就走錯了方向，之後你越是專注，就越難發現自己走錯路。這種偏誤就叫做「定勢效應」，使你跳不出思考框架。

書中作者指出，我們需要另一種跟專注模式互補的發散模式。

將你的注意力離開原本要解決的事情，放鬆自己的大腦，像是阿 Ben 最喜歡的洗澡、散步、睡覺等。

當你處於發散模式時，這時候大腦不同的信息就可以持續互動，激發出意想不到的火花，當這個火花打到你一直想不通的問題時，你忽然感到茅塞頓開。

不過，要實行這種方法，前提是要先經歷過專注模式，專注地將那個問題徹底思考透後，才能再讓發散模式以新的角度來看事情。所以說，你無法在考試前才開始準備，臨時抱佛腳在「真正」的學習上是沒有用的。

這兩種思考模式的轉換，就像平日要訓練肌肉的運動般，第一天做肌肉強度練習，肌肉開始痠痛；第二天你繼續運動，加深鞏固強度；第三天便需要休息放鬆，或者拉筋。這樣才能形成堅實的肌肉。

了解到如何在這兩種思考模式轉換，你就不用害怕在想問題的時候橫衝直撞摔破腦袋，可以真正把知識融會貫通。

Silver： 很好啊，這樣就不會被知識擺弄，而是能掌握知識！

Dr. May，你曾說阿 Ben 有存在焦慮中的逃避自由，你可以解釋一下嗎？

Dr. May：我們可以看看阿 Ben 跟我的對話！

「我不肯定自己做的,是否對的決定!」阿 Ben 對我說,「我若能通過今次補考,我會待在這學系,畢竟我已花了三年時間。」

這個世界充滿不可知、不確定性、阿 Ben 曾經嘗試以加倍的努力,去克服駕馭那種對不確定性的憂慮和恐懼。只是他越要控制,事情就越脫軌失衡。他越不放手向前看、越抑壓否定內心的感受,越逃避生命中因不確定性而必要冒的險,那麼他的身心健康,都要承受沉重的壓力和代價。

我第一次接觸「逃避自由」這概念,是我在唸大學時。那時我自尊心極低,感到很迷茫,但遇上佛洛姆(Erich Fromm)著的《逃避自由》(Escape from Freedom)這本書,它透視了現代人最深的孤獨和恐懼,令我深受啓發。

看見阿 Ben 的執着僵化的思想習慣,作為一個治療師,有很多事情我不能代替他去做。Ben 自己有自由意志,也有責任去選擇別人給他的建議。

我看見 Ben 雙手把沙粒抓緊,而沙粒就一粒一粒從他手指縫中流走。若他肯放開雙手,冒一點險,我相信他擁抱的,就是這個雖然充滿未知、危險,但仍令人期待的世界!

第 4 章　中年人的焦慮：存在焦慮

Silver： 對於中年人的焦慮，Dr. May 你有甚麼看法？

Dr. May：Silver ，我發現自中年開始體驗到存在的焦慮。

Dr. May 時間

存在主義心理學家羅洛梅（Rollo May）曾說：焦慮本身同時擁有毀滅性與建設性。

不少人認為，焦慮是庸人自擾、是負面的情緒，而長期的焦慮，可以演變成抑鬱！故此我們要積極的消解它，減低焦慮對生活的影響。

弔詭的是，存在主義卻給予焦慮正面的看法：當有不確定性時，也同時代表着有新的可能性，焦慮也是必然的。

不確定性代表你可以選擇做怎麼樣的自己：繼續躲在舒適區、同溫層？還是開放自己？坦然面對當下的處境？千方百計逃避焦慮——用外在的事物分散注意力，用酒精藥物去麻痹自己等……當然我們可選擇接納、理解焦慮而帶來自我認識、生活挑戰，從而作出選擇——沒有選擇，何來自由？

齊克果（Søren Kierkegaard）是位神學家和哲學家，他曾說：免於焦慮，也令人缺乏生氣：只有平庸因循的人，才會忽視、逃避焦慮。

焦慮症與我：
解構、探索、療癒

Silver： 原來焦慮有其深層含意，Dr. May 你可以舉些具體例子嗎？

Dr. May：我有一個很有趣的個案——Joyce ，她不斷逃避存在的焦慮！

Joyce：我害怕選擇

我四十多歲，有一份入息不錯及穩定的工作，與丈夫一起生活，因為沒有孩子，可説無憂無慮！

「不生孩子是我的選擇，孩子太多不確定性！」我對丈夫説，他也欣然同意。

我很怕在日常生活的瑣事上做抉擇，所以我買了很多款式差不多的黑色 Polo 恤、黑色的外套、牛仔褲。這樣我就不用在穿著上花心思選擇。

我自知皮膚黝黑，我喜歡戴上一雙大卡數的鑽石耳環，令自己看起來有亮點。

我找 Dr. May 的原因很簡單——同事朋友都覺得我是怪人，我只想證實自己究竟是否有問題。

Dr. May 覺得我生活在自定法則中，一板一眼、一絲不苟。不過老實説，我若買了一個麵包，若麵包擠扁了一角，我情願丟了它另買一個新的。

我極害怕面對改變，因改變帶來不確定性，我希望事情都在

自己預算掌控中。

所以這些年來，我都不求升級：我不想做決策，也不想自己太突出，我不愛競爭，也盡量避免跟別人起衝突！

我喜歡待在家做家務：把買回來的蔬菜切成一條條同一長闊形狀的模樣，也喜歡把花園的灌木修剪齊整如幾何圖案。所以 Dr. May 問我減壓方法，我說：「把蔬果切粒切條，把灌木叢修得整整齊齊。」

Dr. May 診症室

經過一段時間的了解，我認為 Joyce 是屬於強迫型人格（Obsessive Compulsive Personality）。強迫型是屬於焦慮型人格的一種，其特點是執着，他們擁有完美主義，除了要求自己，也要求身邊的人亦達到他們心目中的標準，因此對身邊的人也構成了壓力和困擾。

奇怪的是，Joyce 的丈夫毫不介意她的執着。反而真正令 Joyce 困擾的，是她不敢在朋友面前表達自己真實的想法，所以她一直沒有甚麼知己好友。

「醫生，我認為每個人都是自私的，例如我很愛我的伴侶，只因為我選擇了這樣做，愛他就是為了令自己感覺良好！我見到不少人認為孝順父母是展現利他精神，但我覺得他們終歸也是為了自己：令自我覺得好過、沒有愧疚……其他人聽我這樣說，就摸不着頭腦，認為我是一個怪人！」Joyce 說。

話說有一次，Joyce 的同事意外撞傷了頭，弄得頭破血流。

焦慮症與我：
解構、探索、療癒

Joyce 對他說：「請不要動，我會叫救護車來！」其他人都急忙上前安慰受傷的同事，Joyce 就冷冷的加了一句：「安慰解決不了問題的！等醫生來吧！」

「自此之後，同事們都把我當成一個冷血的人！只怪當時自己心直口快。」Joyce 說。

「我仔細思考你的情況：你的『冷血』很特別，並沒有反社會人格的無情冷酷。你冷漠的同時又會按着當時的情況，客觀理性地為別人解決問題。」我說。

「醫生我究竟有甚麼問題？」Joyce 問。

Dr. May 時間

對於 Joyce 這情況，我除了運用 DSM-5 來作評估外，還採取了榮格（Carl Jung）的心理分析。

根據榮格，人的意識包含了「功能」和「形態」，共有四大類，每類各有兩個極端，這四大類是：

1. 外向型和內向型（extroversion and introversion）；

2. 感覺型和直覺型（sensation and intuition）：

3. 思考型和情感型（thinking and feeling）；

4. 判斷型和覺察型（judging and perceiving）。

我分析 Joyce 是屬於外向、感覺、思考和判斷型的人。

Joyce 竟然屬於外向的，不大可能吧！她沒有甚麼朋友！

Joyce 屬於外向型：因她偏向專注於外在的人和事，多於自己的內心精神世界。

她是感覺型的：喜歡着眼於當前事物，慣於使用五感來感受世界，而不是運用直覺洞察其中的可能性及預感。

Joyce 是思考型的：專注事情的用可行性和實用性，以邏輯來分析其中的結果及影響；所以 Joyce 不會運用情緒感受來處理事情。

Joyce 更是判斷型的：傾向於井然有序及有組織的生活，愛安頓身邊事物，盡量不讓事情隨機發生。

榮格的性格分類，很少用在臨床的診斷上。但我認為在理解病人上，榮格的理論能派得上用場。此外，在公司人事的招募上，不少僱主也借用榮格的人格分類去挑選適合公司文化和發展的員工。

Dr. May 診症室

有一天 Joyce 找我，突然對我説：「醫生，我想提早退休，你會支持我的決定嗎？」

「你有甚麼退休計劃？」我問。

「沒有的，只是我有內分泌失調和高血壓，我想放下工作壓力，這會對我的身體有好處！」Joyce 説。

「你工作壓力很大嗎？」我問。

「工作已經是很常規的事，我只是想盡可能確保健康！」Joyce 説。

「退休也不一定沒有壓力，其實不少人在退休後不能適應生活的變化。我認為在這問題上，你要考慮清楚！」我説。

之後有一天，Joyce 忽然出現在我的診所。

「醫生，為甚麼你不站在我一邊，卻要求我一直工作！」Joyce 哭着説。

「Joyce ，你誤會了我的意思：若你有需要的時候，我會在醫療角色為你爭取提早退休。只是我現在看不到是合適的時候！」我説。

Joyce 頓時如釋重負！（因為她覺得需要有人為她工作方面作出決定。）

有一次，Joyce 跟我説：「我很羨慕那些被人推下樓的人！我小時候就幻想，若我在家中不小心從高處摔下樓而死去，真是痛快極了！」

「做人不容易，自殺是要自己決定和執行！自殺未遂的後果會成為別人的負擔！但死亡意外地發生，又不牽涉自己的抉

擇，又死得痛快，真是太好了！」Joyce 雙眼發光地說。

對於 Joyce 這一番言論，我經過一年多的接觸和了解，終於恍然大悟──Joyce 有對自由的恐懼！

做事要事先準備到滴水不漏，也是因為怕開放性和不確定性帶來的自由和抉擇！Joyce 那次認為我不支持她提早退休，聲淚俱下的來「討伐」我，也是因為她認為我要負責她的「抉擇」，她來找我也是期望把「抉擇權」扔給我！

Joyce 究竟有甚麼問題？

最初的時候，我診斷 Joyce 患上強迫型人格障礙。

不過後來我認為可以用不同角度、層次去了解 Joyce。

我嘗試用榮格的心理分析，去理解她在別人眼中所謂的「冷血」、「怪雞」！

我認為 Joyce 是極端的外向型、感覺型、理性型和判斷型。

同時，我心中有一個疑問：Joyce 經歷了怎樣的一個童年和成長過程，以致形成今日的她？

一個人的性格，一部份是基因決定，而另有一部份，是取決於他成長的環境。因為環境會誘發或抑制基因的活動，兩者是互動的。

我嘗試叫 Joyce 描述她的童年。

焦慮症與我：
解構、探索、療癒

原來她的爸爸是「幫會大佬」，父母在她很小的時候就離異了。Joyce 是由傭人帶大的。

除了這些背景資料外，Joyce 對童年回憶一片空白！

這是一個很典型的不安全依附——逃避型依附。這也解釋了為甚麼 Joyce 沒有甚麼情感，她根本過着一個缺乏情感交流的童年，她從來不曾意識自己有甚麼情感需要。對感情陌生的 Joyce，在同事眼中就像「冷血怪人」！

Joyce 之後跟我提到她不怕死，只要不是自己選擇、自己動手，就可以了！

後來知道她拒絕升職，就是因為不想做決定。事實上，她工作的能力和質素很高。

之後我明白 Joyce 來找我的主要目的，是覺得可以把選擇的自由交託給我。

原來 Joyce 為了選擇，感到焦慮忐忑！

Joyce 要逃避自由，逃避抉擇！

Dr. May 時間

根據歐文‧亞隆（Irvin Yalom）醫生説：人有四種存在的焦慮：死亡、自由、孤獨和失去意義。

齊克果曾説：焦慮是「自由」的「頭暈目眩」（Anxiety is the dizziness of freedom.）。

人會因「存在」而焦慮，因為意識到二次元對立的「不存在感」。

焦慮和自由，都跟自我有關。

焦慮是人存在的證據。

齊克果曾説：存在是個動詞，是選擇成為自己的可能性，而人的生命，就是在每時每刻作出抉擇從而成為自己的過程。換言之，人的一生就是不停作出選擇的結果！

人生充滿不確定性，正如佛教所講的無常。

人面對未來，往往感到忐忑不安，它如影如魅地隨着我們。焦慮無所不在，無人幸免，卻也是我們存在的證明。

人的存在，面臨一個終極的選擇：成為「自己」或不要成為「自己」。

每一個人，都擁有自由去做自己的抉擇，也要為此而負上責任、承擔後果，人生要冒一點險，這當然會令人焦慮。

焦慮症與我：
解構、探索、療癒

Silver： 看來，Joyce 選擇了「不選擇」：她工作不要升職，她定下自己的框框，令事情可以按部就班，她看醫生是為了那份安全感。

Dr. May：Silver，基本上 Joyce 選擇了「生活常規化」的人生來減低存在的焦慮。

Silver： Dr. May，Joyce 的情況常見嗎？

Dr. May：Silver，其實以 Joyce 那麼極端的情況，其實並不常見。

Silver： 那麼你常見的情況是甚麼？

Dr. May：死亡焦慮。

Silver： 死亡是人必然的結局，它帶來的焦慮一定很大！

Donna：我不能獨自在家

自爸爸過世後，我不能單獨留在家，爸爸臨終的影像會像鬼魅般纏着我！

我害怕晚上獨自一人，就是在睡房，我要先生睡下來，我才能安心睡覺；先生醒來，我也跟着醒來。

我父母在內地居住，爸爸因為年老多病，年前去世了。鄉下的習慣要守夜，守夜的地方只有三數親人，環境陰暗。我記得那天晚上，我的表姊來了，但她突然出現抽筋，眼睛翻白，

嘴巴吐出白泡，這情況把我嚇壞了！

就在此時，我收到電話，我四十多歲的哥哥猝死了！

當時我整個人好像掏空了，腦袋一片空白。喪事完畢，我回到家中，腦海不時閃現起那天守夜的情況。我的心產生莫名的恐懼，身體浸沉在驚慄中！我的心狂跳，眼矇、心悸、胸口翳悶、呼吸不順，好像快要窒息死亡！

之後我不時都有「回閃」現象，接下來是驚恐發作。沒有人陪伴時我不能單獨外出！

說起來，爸爸的逝世，我雖然哀傷，卻覺得是合理的——始終他年事已高，又有長期病患。至於我的哥哥，他的生活習慣很差，飲食很隨便和任性，常常大魚大肉，又煙酒不離手。哥哥一直拒絕看醫生做身體檢查，我也無可奈何，但他的死太突然了，我完全接受不了！

Dr. May： 根據 DSM-5，我給 Donna 的診斷是驚恐症和廣場焦慮症，她還有未完全釋懷對父親和哥哥離世的哀傷。

　　　　　不過我很早已經覺察到，Donna 有很強烈的「死亡焦慮」！

Silver： 你怎樣幫助 Donna？

Dr. May： 我運用了焦慮管理、認知行為來處理 Donna 的驚恐症狀和廣場焦慮症。

焦慮症與我：
解構、探索、療癒

同時我也處方了藥物給 Donna。她一步步改善，過了不久便已經能自己外出，也能獨自一人留在家。

只是她還有「回閃」現象而引發的焦慮，不過已經能夠短時間內把這些感覺平復下來。

Silver： 你如何輔導她的死亡焦慮？

Dr. May：我有嘗試，但不容易。

Dr. May 診症室

「你對死亡怎樣看？」我問。

「我不想接觸這個題目，事實上，這件事之後，我已經不能回鄉下去掃墓，也不能參加別人的喪禮。」Donna 說。

「你有宗教信仰嗎？」我問。

「我不知自己有沒有宗教信仰，我是拜祖先的。」Donna 答。

「當我提到你對死亡怎麼看時，我覺察到你顯得緊張兮兮——

「你心中泛起甚麼感覺？」我追問。

「我腦袋一片空白，想到人死如燈滅，我整個人好像崩潰了！」Donna 說。

我多謝 Donna 對我的坦誠，之後我送了一本書給她，艾妮塔

（Anita Moorjani）的《死過一次才學會愛》（*Dying To Be Me: My Journey from Cancer*）。

只不過 Donna 選擇了用她自己的方法處理她對死亡的焦慮：和朋友行山、吃飯，在家把電視打開，讓背景聲音去驅走心中的不安……。Donna 一直把我給她的書束之高閣。

隨着時間流逝，她看起來好像好一點，但不敢停藥：因為死亡恐懼仍然出其不意向她襲擊！

Silver： Dr. May 你可以做的，已經做了！

Dr. May：不容易的，Silver 你聽聽 Lora 的故事吧。

Lora ：我怕死亡，我怕失去駕馭感！

我是一個退休會計師，一直獨身，跟媽媽和傭人一起住。

我的抑鬱症斷斷續續發作，所以這幾年我都有找 Dr. May。

她知道我的抑鬱症已經復發多次，跟我商量過，決定繼續長期服用低劑量的藥物防止復發。

我的情況漸漸穩定起來！

我現在已經很平靜，有時候我會跟朋友相約去旅行，有時候我們會一起做運動。更多的時候，我會上網瀏覽網站，看看 YouTube ，上淘寶 shopping 等……生活很寫意。

焦慮症與我：
解構、探索、療癒

有一天，Lora 突然提前預約時間見我。

只見她把自己由頭到腳包起來，樣子很慌張。

「我的媽媽急病入了醫院，她被護士用約束帶安置在床上。因為冠狀病毒的原因，病房不容許家人探望！我心裏又是焦急又是擔心！不能吃喝，又睡得不好。」Lora 一口氣地跟我說。

「醫生，我很害怕，自己也會有死亡的一天！我已經賣出我的股票，又準備好遺囑！」Lora 告訴我。

「你不會連住宅也賣掉吧！」我說。

「說實話，我曾想過這樣做！」Lora 說。

我勸告 Lora 不要輕舉妄動：在心情不好或不穩定的時候，不要做大的決定！這是黃金定律！

我處方了一些幫助睡眠和舒緩焦慮的藥物給 Lora。

兩個星期後，我再約見她。

「你怎麼樣，好些嗎？」我問。

「好多了，媽媽也出院了，一步步康復過來！」Lora 說。

「Lora，我覺得你的情況，很受你當時環境的影響！」我說。

想了一會兒，Lora 認同我的看法！

「不如嘗試正視你的焦慮，看看它背後帶給你甚麼信息？」

我建議 Lora。

我們每一個情緒的背後，都是一個自我認識和發現的機會。只是我們慣常忽略它們，視它們為洪水猛獸看待，想把它們趕盡殺絕。

不過話又說回來，若果在情緒很負面低落時，盡量不要作過多的反省，這樣子很容易會轉入牛角尖，使反省變成「反芻」！就是在 Lora 身上，我也着她先好好照顧自己，能吃得下，睡眠改善的時候，再運用靜觀，慢慢地把自己平靜下來，看待情緒背後，能帶給你甚麼發現、想法、洞見！

對焦慮可以「好」一點，可以帶點好奇心和慈悲心去面對它。因為往往掩蓋在症狀之下的，是對自己的認識、智慧、個人成長的機會。

想了一會兒，Lora 對我說：「我害怕不安全感和不確定感！若我能對事物有駕馭感，我的焦慮會改善很多！」

人生無常，始終人不能事事掌控得來，當我們面對死亡，那是人面對最終極的焦慮：不可測、不可知、不受自己主宰……

「可能我要想想死亡這個問題，之前我曾看佛學書籍，也上課學習。我在媽媽患病入院時，我有祈禱，也許我可以接觸一下基督教。」Lora 說。

Silver： 最後 Lora 有沒有皈依宗教？

Dr. May：事情過去後，她恢復了原來的生活。

Silver ： 唉，人真難面對死亡！

Dr. May：我跟你說一位男士的個案吧。

David ：我是高富帥，但我是媽寶！

我已經接近 40 歲，是一個建築師。我一直單身，跟媽媽一起住，別人說我是個「媽寶」，我也承認。

因為我身體不大好，尤其是腸胃，醫生說是「易激腸」，開了一些腸胃藥、鎮靜劑和情緒藥給我，但我的情況，絲毫沒有改善。

Dr. May 診症室

看到 David 給我參考的驗身報告，我相信有半呎厚。

「我每天都仔細檢查自己的大便，看看有沒有異常。昨天的糞便顏色很深！

「我查過網上資料，可能我的大便有潛血現象，不過我做了大腸鏡檢查，醫生說是正常的。」David 說。

後來 David 的媽媽找我，告訴我 David 整天待在討論病情的群組中，經常根據別人的建議去做各種檢查，也花了很多錢買各種健康食品。不過最令 David 媽媽擔心的，是他經常缺席上班。

「我不能專心工作！想到自己身體有可能潛在問題，我感到前路一片灰暗！」David 解釋説。

我診斷 David 有抑鬱症和疑病症。我先着手處理好 David 的抑鬱症，慢慢再去嘗試幫助他不要把焦點全部放在身體症狀上。

David 的情緒漸漸改善，他的疑病情況也舒緩了一些。

Silver： Dr. May，David 為甚麼成了媽寶？

Dr. May：我也問過 David 他的童年如何。

Dr. May 診症室

「我有兩個姊姊，家中排行最小。自小父母都很寵愛我。父母很傳統，非常重男輕女。

「爸爸早就去世了，姊姊們都結婚搬走了，家中只有我和媽媽待在一起。

「媽媽很想抱孫，但她對我挑選的女生都不滿意，所以我一直單身！可能我身體不夠壯碩，認識的女生質素一般。

「媽媽是一個很強勢的女人，這點我是知道的，但她對自己很好，為我犧牲很多，我怎能做虧欠她之事？

焦慮症與我：
解構、探索、療癒

「所以我害怕自己有三長兩短，像爸爸一樣，把媽媽孤零零的留下！」David 幽幽地說。

「你會不會不自覺地做了爸爸的角色？」我問 David。

「我不知道。」David 和媽媽的關係很糾纏。

Silver： 除了媽媽的因素，David 的情況，有其他原因吧？

Dr. May：正是！David 最近有一個朋友，跟他一樣歲數，患上了腦癌！主治醫師說他的病情已經很嚴重！

Dr. May 診症室

「我感到很突然，他身體一向很健康，生活習慣又好！

「我忽然心寒地想到，可能我身體內也有潛在的計時炸彈！

「自此之後，我經常留意自己身體，若覺得甚麼不妥，趕快去做各種檢查。我希望這樣做，能防患未然，早點發現疾病。」David 說。

「你感到無常，希望事情能夠掌控在自己手上嗎？」我問

「我承認是這樣，我好傷心，人生真的很難預料。為甚麼這些事會發生在這麼年輕的人身上？我應該怎麼辦？想到我沒有孩子，生命不可延續下去，我很沮喪。」David 哭了起來。

在他的悲傷背後，我感受到 David 的無力感、荒謬感，還有對死亡帶來自我消失的恐懼！

Silver： Dr. May，人類害怕孤單嗎？

Dr. May：Silver，孤單是人常見的存在焦慮。我說一說 Kate 的故事吧！

Kate：給人剝削又如何？

我已經是一個 40 歲上下的女人，現在跟家人一起住，有一個男朋友。

我找 Dr. May 的原因，是因為我患上廣泛性焦慮症。焦慮令我工作不能集中精神，加上經常失眠，人很累。

Dr. May 教我如何處理焦慮，還處方了藥物給我。漸漸地，我的情況穩定下來。

不過我感到快受不了我的男朋友，他整天要我替他做瑣碎事情。若我做的事有甚麼「差遲」，他就把這件事放在 Facebook 上發表，大加揶揄。

他好像不顧及我的尊嚴，也不理會我感受。

有一次在外邊吃飯時，他一言不合，竟當眾發脾氣罵我，之後還一走了之。把我孤單地留下善後。⋯⋯

焦慮症與我：
解構、探索、療癒

Dr. May 診症室

「你想過離開他嗎？」我問。

「我害怕失去他，我希望有個伴跟我一起旅行玩樂！我受不了那種殺死人的孤單寂寞！」Kate 説。

對於 Kate 來説，有一個差勁的伴侶，都比孤身一人好過！

有一次，Kate 滿面委屈地對我説：「醫生，我現在每逢放假，都跟男友待在一起！」

「那麼甜蜜幸福，真是好了！」我回應。

「我感到有窒息感，男友批評我的朋友，也不容許我接觸他們！」Kate 沮喪的説。

「那麼他豈不就是把你跟別人孤立，加深你對他的依賴！」我提醒 Kate。

「就是這樣我也無可奈何，我害怕他會恐嚇我要跟我分手！」Kate 喃喃自語的説。

「那很明顯，你給男友『食』住了，他是一個很自我和控制慾很強的人！」我又提醒 Kate。

Silver：　噢，Kate 很可憐！不過這也是她的選擇。

Dr. May：就是啊！

有一次，Kate 哭着找我：「男友竟然借了我錢不肯歸還！他說我的薪金足夠充裕，叫我不要斤斤計較。但另一邊廂，他又時常提醒我年紀不輕，不知失業或退休後生計如何？」

原來 Kate 的男友只做一些散工，很多時候外出的消費都是 Kate 付款的。

「Kate，你想一下你的男朋友是否真心愛你？」我試圖讓 Kate 能想清楚。

「說實話，我不知道！我面對他時會感到很害怕！」Kate 說。

「你為甚麼不選擇離開他？」我說。

不過我心裏知道，說了也沒有用！因為 Kate 害怕孤單，她不顧一切抗拒讓自己一人，她付出一切代價：自尊、時間、自由、朋友、金錢，去逃避孤單寂寞的感覺！

Dr. May：在醫學上，Kate 也有依賴性的人格障礙（dependent personality disorder）。

Silver：甚麼是依賴性人格障礙？

Dr. May：簡單來說，就是為了能依附着別人而不惜一切。Kate 在她之前的戀愛關係中，都是被對方狠狠拋棄才肯放手。不過在她存在的核心，她最害怕的，可能就是面對孑然一身的恐懼。

Silver： Dr. May，失去意義的焦慮會如何呈現？

Dr. May：我跟你說 Matthew 的故事。

Matthew：酒是我的朋友，又是我的敵人！

我找 Dr. May 的時候，是有經常的驚恐發作。Dr. May 說我有驚恐症。到了現在，驚恐症改善了不少。現在我令 Dr. May 頭痛的問題，是我的酗酒！

Dr. May：酗酒是醫學上很棘手的事，因為酗酒的人，都是為了逃避和麻木靈性上的空虛、失去意義感。

Silver： Matthew 為甚麼會酗酒？

🔍 Dr. May 診症室

一直以來，Matthew 很害怕乘搭長途車：無論是的士或巴士，他也很怕要乘搭港鐵過海：「那條長長的隧道，令我有窒息感！」

Matthew 患上廣場焦慮症，置身於他認為侷促和不能即時逃離的場合時，便會有驚恐發作。

經過認知行為治療和藥物雙管齊下的醫治，Matthew 的情況逐漸穩定下來。

上一年，Matthew 因為工作和上司不合，憤然辭去工作。「我在工作上得不到應有的尊重！我不能接受沒有『口齒』的上司！」據他說。

Matthew 之後又找到一些工作，不過都只是維持很短的時間。

就在這期間，Matthew 每天喝酒喝到爛醉。

「你這樣子喝酒，對身體不好！」我不知跟他這樣說了多少遍。

「我知道的！」Matthew 說，「你送我到醫院戒酒也沒有用，因為我一出院會繼續再飲！」

Dr. May：事實上，Matthew 是一個很有天份才華的人，他的文章寫得很好，又有藝術氣質，他有自己的一套頗為「特立獨行」的想法。

Silver： Matthew 如何形成這種個性？

Dr. May：你聽我說下去。

Dr. May 診症室

Matthew 說父母在他小時候已經離異：「我跟爸爸一起住，我已經很多年沒有見過媽媽。」

Matthew 爸爸是大學經濟系教授，他常常對着學生板起面孔，

焦慮症與我：
解構、探索、療癒

別人提出不同意見時，他總是振振有詞。回到家中，竟對着 Matthew 粗言穢語，還在家中不斷播放色情影片。

「醫生，記得我還小的時候，爸爸帶了一個女人回家，還讓我看到他們做愛！」Matthew 對我說。

Matthew 曾經有過女朋友，不過已經是幾年前的事。

「很小的時候，我已經感到活着沒有甚麼意義！我唸大學時由理學院轉到文學院，由想探究科學到想探索人存在的價值。不過由始至終，我都看不到甚麼所以然！」Matthew 說。

「酒精對你有甚麼好處？」我問。

「我不知道，但你能明白那種孤單寂寞的難受吧？我不願意戒酒，我不願意，清醒了又如何？

「現在還多了一個原因，我不飲酒時，手會發抖，身體內好像有成千上萬的蟲在啃我的骨頭！

「我不相信上帝，但我喜愛《聖經》中的〈傳道書〉：虛空中的虛空，一切都是虛空捕風。日光之下並無新事！」Matthew 說。

「你會想到尋死嗎？」我問。

「短期內不會的，不過醫生你看：我現在不是正在慢性自殺嗎？」Matthew 說。

我緘默了！一陣很強烈的痛苦情緒如浪般向我沖來：那種孤單、虛無、荒謬、無意義感！

初次與 Matthew 見面時我有點意外。他顯然對自己的外表和衣着都很注重,也在約定的時候出現。Dr. May 事前曾告訴我,Matthew 本來不同意進行心理治療,是她再三催促下才來找我。

我直接問他:信不信我能夠在短時間內就了解他的先天特質、性格、強項和溝通模式等。Matthew 很爽快答應做皮紋測試。就這樣,我們展開了溝通。

我馬上看了他十隻手指的指紋:

左手	內破	螺	內破	斗	斗
右手	囊	螺	內破	斗	斗

原來他有十個斗,我心裏對自己說。

Matthew 悠閒地看着我,似乎要等着看我有多大的本事。

我開始告訴他:「你十隻手指都是斗紋。你的內在能量很強,大腦非常活躍,會把簡單事情複雜化。早上起來一打開眼睛,你的大腦就沒法停下來。」

Matthew 沒說甚麼,但從他的身體語言,我看得出他聚精會神起來。應該沒有初次見面的人會這樣說他的。

「你一對尾指是斗紋,你對視覺圖像很敏銳,有藝術家的特質,對周邊事物非常留意。經常看在眼裏,記在心上。」我繼續說。

「這算是我的強項還是弱項?」他這樣問。

「是祝福，也是詛咒！」我毫不含糊地回答。

「你看過的東西會像影印機一樣印在你的大腦，想忘記都不容易。如果你看到的事情是超出你身心所能承受的刺激，該影像就成為你的創傷，且越想忘記，記憶越牢。有這樣的經驗嗎？」我問 Matthew。

「我還小的時候，爸爸經常帶他的女朋友回家。有一次，我看見他們做愛。」他開始講述他的故事。

「對你以後有甚麼影響嗎？」我問。

「當然有。正如你所説，那些片段好像印在我的大腦。我當時還小，覺得這樣的行為很『噁心』。有好長一段時間我仍會『看到』那天的影像，還影響了我整個青春期的心理發展。就是成年後，也會『看到』那些他們做愛的片段。」他説出他的視覺經歷。

「有影響你以後的親密行為嗎？」我接着問。

「有。」他很直截了當地回答。

此時，我意識到這個是他的創傷，伴隨、折磨了他好長一段時間。不過由於是初次見面，我認為現在不應觸碰他的創傷。

「你想讓我繼續嗎？」我問。

「當然。」他答。

「你的一對無名指也是斗紋。你的音感和語文能力也是很強的。你的學業成績應該不錯，因為只要你有聽書的話，就已

經吸收了很多。」我跟他説。

「是的，由細到大，我讀書都不成問題。」他很得意的回答。

「只是你對別人的語氣及説話內容非常介意，所以很容易受到別人言語的傷害。」我提醒他。

「我不能接受沒有『口齒』的上司。同事、客戶我還可以忍受，但我不能忍受上司或老闆嘲諷我或不尊重我。」他嚴正聲明。

「這可能是你過去經常辭職、轉工的原因吧。」我感嘆。

「是他們的損失。」Matthew 露出很堅定的眼神。

我慢慢地分析：「你的一對食指是螺紋，也是斗紋的一種。你對將來有強烈的希望，有種莫名的自信，深信自己肯定在任何環境都會有所作為。這也可能是你隨意轉職的另一個原因吧。可是，當你一旦發現事實並非如此時，便會有強烈的失落感。正是『龍游淺水遭蝦戲』——」

「『虎落平陽被犬欺』！我的一生就是如此。」他很有感觸的接下去。

然後是一片靜默。Matthew 似乎是在回顧他的人生，我自然也給他空間，不去打擾他。

「還有嗎？」他終於開口。

「你的拇指是內破雙斗和囊形紋。你的精神功能和抗壓力算是你的弱項吧。你很多疑慮，目標太多，影響了決策能力。你的自我控制能力較弱，很容易被視覺和聽覺牽引着你的情

焦慮症與我：
解構、探索、療癒

緒。如果你沒有適當的因應之道，可就麻煩了。……

「最後，提醒你一句：你每每在遇到衝突、問題或困難時，第一個反應經常是──都是別人的問題。」我希望這個提醒他能聽得入耳。

Dr. May 診症室

有一天，我發現 Matthew 沒有依時出現，他一向是很準時的。我心中有一些不好的預感。

「打電話去了解一下吧！」我叮囑同事。

一連幾天，我們都找不到他的下落。我知道他跟家人關係不好，也冒昧地打電話給他哥哥。

「苗醫生，我弟弟在家死去……」哥哥傷心地告訴我。

Matthew 去了，孤單地走了。他失去活下去的意義力量！

Dr. Leung 診症室

「今天到此為止吧，我們下次再談。」我跟 Matthew 說。

「你還沒有說我的中指啊。」他果然「心水清」，注意到我跳了中指沒說。不過對於有十個斗紋的他來說，這一點我不會詫異。

「這節太長了，我們約定下一次再繼續吧。」我說。

可是，Matthew 沒有在下一節出現，也沒有另約時間。很遺憾，與他的第一節治療也成了最後一節。再聽到他的名字時，已是他的死訊。

我記得他說過：「酒是我的朋友，又是我的敵人。」Matthew 鬱鬱不得志，又沒有適當的因應之道，只能借酒消愁，終歸因急性酒精中毒而死，很是遺憾。

我經常在想，十個斗是祝福，也是詛咒。如果 Matthew 有繼續進行心理治療的話，他的路會否不一樣呢？

Dr. May 時間

精神科醫生如何看待存在的焦慮

人與動物有甚麼分別？人類會思考自己的存在──我是誰？

在 20 世紀初的存在主義哲學大師，如海德格與沙特，他們的作品中，我們看到了人存在的荒謬性：我們都是莫名其妙來到這個世界的，就好像「被投擲」到世上。但是，我們往往不甘願接受這樣的命運，想為存在的荒謬找尋答案：我們透過努力學習、工作，藉此理解自己是甚麼樣的一個人，能做到甚麼事。根據海德格：我們被投擲到這個世界，然後，又不斷將自己朝向未來投擲去。

我在本章節中敍述的個案，在他們的焦慮抑壓症、人格障礙和酗酒背後，都潛藏着人類底層的「存在焦慮」：死亡、自

由（包括意志的選擇和隨着自由帶來的責任）、孤獨、人生的意義（或，無意義）。

在這裏，我們一起探討這些焦慮情況，及其蘊藏的意義，並嘗試從焦慮中了解自己、發掘背後的寶貴信息。

人生在世，焦慮是難免的。不少人為了避免焦慮，而發展出一套生活模式去舒緩它，當要面對生存最根本的焦慮時，人會「設計」出更多的對策：「安全行為」、「強迫性儀式化的行為」、迴避、酗酒濫藥等。

Joyce 找我，如同「拜神」一樣，Matthew 則把酒精視為靈性寄託。不過這些策略在應付存在焦慮時，只能暫時舒緩。長遠來説，這些策略只會令人更為焦慮、孤立、無意義、陷入困境。

對人類而言，要赤裸裸地面對存在的焦慮，是一個極大的挑戰，弔詭的是：人們必須接納這深深的不安全感，才能做一個雖不完美，卻是完整的自己。

Silver ： Dr. May，你如何面對自己的死亡焦慮？

Dr. May：我相信死亡是最明顯、也是最常見的存在焦慮。未到死亡那一刻的降臨，誰人能説甚麼？

死亡的憂慮是巨大且無法控制，如 Donna 的情況，她的策略是迴避：抗拒參加任何與喪禮有關的活動，但她也不能遏止腦海中浮現死去的人的影像。

死亡的焦慮，有時候以不同的「偽裝」出現，如 David 的疑病症和抑鬱症；Lora 對 COVID 疫情和媽媽的住院，作出超乎理性的擔憂情緒和行為反應。

我跟 Lora 有較深入的探索死亡焦慮，她有這個意識和意願，去探索信仰中死亡這課題及人生的存在焦慮，但她終究不能持續再深入。

關俊棠神父曾對我説：「我到現在都不能説我自己能對死亡有超然的態度。我曾照顧了一位臨終的神父，他是我的師父，他為人正直，很受人尊敬，在信仰上修養很深，師父自己在瀕死時，也坦白地承認，他面對死亡存有的焦慮。」

很多哲學家都看到，生死是相依的：學習好好生存，就是學習好好死亡；相反，學習好好死亡，就是學習好好生存。

Dr. Yalom（歐文·亞隆醫生）在治療因癌症而瀕死的病人時，他觀察到病人有死亡的焦慮，往往與其「沒有活出的生命」的總量成正比。

可能正如 Dr. Yalom 所説：死亡令我們覺察到自己的脆弱而且有限，因此我們可以活得更加深刻和有智慧。

Silver ： 有令人感到鼓舞的個案嗎？

Dr. May：有的，這是真人真事，我在其他文章也提過。

焦慮症與我：
解構、探索、療癒

朱小姐：跟死亡相遇的重生

認識朱小姐，是經過腫瘤科同事的轉介。半年前，她被確診患上第三期乳癌。

朱小姐是一位四十多歲的中學教師，她一直全身投入工作，至今仍然單身。數年前，她媽媽和姊姊先後因乳癌逝世，現在她是獨居。

朱小姐步上了她母親和姊姊的後塵，她曾目睹她們臨終前，飽受着病魔的煎熬。只是當時她們還有自己，而自己現在得病卻是孑然一身，孤立無援。

朱小姐經過手術後，又接受了化療和電療。她因為失眠和焦慮，經醫院轉介來看我。

我治療了朱小姐兩個月後，她的情況看來穩定。

直到某天的早上，我一踏進辦公室，同事就跑來告訴我：「朱小姐昨天從十樓自己的住所一躍而下，企圖結束自己的生命！」

「啊！我的天啊！」我大叫！

幸運的是，朱小姐「奇蹟」地並沒有摔死，因為她掉到三樓的晾衣架上，只是有些骨折和皮外傷。

之後的日子，朱小姐臥病在床，動彈不得，我要到骨科病房看她。

起初的時候，朱小姐一見到我，就把臉別過去，對我非常冷

淡。她敷衍地告訴我，她往窗外曬晾衣物時，只是一不小心而造成意外。

不管怎樣，我給她開了抗鬱藥，並囑咐病房的護士看守着她。這樣子，又過了個多月，朱小姐的身體和精神也漸康復過來。而我和朱小姐也慢慢熟落起來。

有一次，我脫口而出：「妳知不知妳那次意外，令我十分震驚。想到現在能跟妳在一起，真的有種恍如隔世的感覺，我們差一點就此永別了。」

朱小姐低下頭，默默地流淚。

這樣又過了兩個星期，朱小姐已能在病房四處走動。她告訴了我她的心路歷程：

「我一直是對人對己都要求很高的人，我希望事情在我預算和掌握之內。但患上癌症殺我一個措手不及，生命好像失去預算。我像被拋出往日生活的軌跡。我突然感到很害怕，很失落。我不敢想到將來，我害怕面對孤獨與死亡。

「可幸的是，那時有一位很慈祥的長者，經常來探望我，他常常鼓勵我要學習隨遇而安。隨遇而安——是的，這四隻字，我一直在心中反覆思量。我終於開竅了：我們只能活在當下，我根本不能為明天憂慮甚麼。真想不到，這老生常談的一句話，掛在嘴上半個世紀，直到現在才體會到它真正的意思。」

朱小姐這樣的恍然洞見，真是難得的心靈覺醒！

自此之後，朱小姐跟以前是判若兩人。她康復出院後，回到學校重執教鞭。

存在主義心理學曾提到，人與死亡對峙時，經常會創造一個戲劇性改變的機會。海德格談及兩種生存模式，首先是一種是「日常」模式，甚麼事情都很無意識地因循；另一種是「本真」模式，一種覺識存在（mindfulness of being）的狀態，人們在這個狀態，就已準備好生命的改變了。

但我們怎樣才能由日常狀態轉移至本真狀態呢？雅斯貝爾斯（Karl Jaspers）提出「邊際經驗」——一種猛然醒覺、不可逆轉的經驗，將人從日常模式轉移至一種更真實的存在模式。而在所有可能的邊際經驗之中，與死亡對峙是最強而有力的。

不少瀕死的癌症病人，都體驗到患病令他們重新排列生命的優先次序。他們會對名利説「不」，反而會盡力關心他們所愛的人。

弔詭的是：儘管肉體上的死亡毀滅了我們，但死亡的概念卻拯救了我們。

在朱小姐身上，癌症以竟然以「可怕」的方式，治癒了她的心理情緒病。

Silver： Dr. May 你害怕自由嗎？

Dr. May：我其實很害怕，在羊群中比較有安全感。好像我十多年前出來執業，就面對着很大的不確定性。

可能為了逃避自由，人往往選擇寧願違背自己的心

聲、害怕特立獨行，而選擇跟隨主流文化和價值、人云亦云、隨波逐流。如前面提到的 Joyce，就是希望我能代她去作選擇，免了她本人的責任。

Silver： 我們精靈也怕孤單的，你怕嗎？

Dr. May：我當然害怕。但我喜歡獨處，獨處中我感到與人和萬物是一起的，那並不是孤獨。至於存在的孤獨，是每個人都會遇到的：人獨自誕生在這個世界，也獨自離開這個世界。

孤單的痛苦，在面對喪偶者來說，尤其深刻：「我現在過着沒有甚麼人在乎在意我的生活，我可以悄悄地在人間消失！」看來 Matthew 最後的日子，也被孤單感吞噬。

Kate 就更不用說，她明知男友專制不講理，不是真的愛自己，就是被他踐踏、剝削，也抓住他不放！因為有個壞的男朋友，總好過孤身一人。

我們都需要人際關係的溫暖，驅走我們的寂寞，只不過我們越害怕孤單寂寞，而把自己放在很低的位置上，委屈自己對別人千依百順時，人就變得越來越依賴、執迷不悟地容許別人施於自己的控制、剝削、操縱，甚至暴力，結果令自己變得自卑自憐，泥足深陷地掉進隨時被拋棄的恐懼中。

害怕孤獨讓人落入關係的陷阱，因恐懼而相互依附，乃至動彈不得，其實喪失了更多的自己。

焦慮症與我：
解構、探索、療癒

我相信愛，我們每個人都是「孤島」，而愛就是聯繫我們的海洋，愛使我們既能獨立又能彼此相依。也許心靈的平衡點，就存在着這弔詭的張力中。

Silver： 無意義感也是人類獨有的嗎？

Dr. May： Silver，我相信這點就是人與動物之間最大的不同。人就是活在一個荒謬的世界，也努力找出自己在世的目標。

正如尼采所言：知道為甚麼而活的人，便能生存。意義感令人能忍受苦難，帶來希望。

Matthew 是一個很有才華的人，他感到周圍的人都在隨波逐流，他對人生的營營役役抱着蔑視的態度。Matthew 找不到出路，只透過酒精去麻醉自己。

根據 Dr. Yalom 的臨床經驗，人生意義這課題最好是「迂迴地處理」：人最好不要直接追尋目標意義。而是容許自己投入一個不斷擴張、令人滿足、自我超越的事情中，在過程中感受意義感和真實性。

佛陀也教導說：直接追尋人生目標並無開導作用，最好就是將自己浸入生命的長河之中，讓這個問題漂流離去。

Silver： 你的存在意義又在甚麼地方？

Dr. May： 對於不同的人來説，存在意義可包含享樂主義、利

他主義、奉獻、傳承、創造，以及自我實現。對我來說，是自我超越的：透過對他人的愛、對社會的貢獻、對信仰的委身，這過程中能感受到更深厚的存在意義。

Silver ，我突然記起一件往事。

許多年前，當我還在醫院工作的時候，有一個年輕人問我：「醫生，我需要一直把藥吃下去嗎？我的焦慮抑鬱，會否是生命必有的情況，讓我在掙扎中去改變成長！」

那個時候，我還不明白這充滿智慧的年輕人心底真正的想法，我仍然堅持西方傳統醫學——把焦慮視為疾病的徵兆。

存在的焦慮，一種來無影、去無蹤的焦慮感，只有在一個人獨處時，才會在內心深處呼喚着你。

現在回想起來，我發現藥物的確可以減輕症狀，但我們可以再進一步，了解焦慮背後的意義，發掘積極的一面。

焦慮是一份禮物：沒有了焦慮，我們就缺乏了活力。面對接受這份焦慮，可使人在生命中做出正面積極的調適和改變！

焦慮症與我：
解構、探索、療癒

透過對他人的愛、對社會的貢獻、
對信仰的委身，感受更深厚的存在意義。

第5章 老年人的焦慮症

Dr. May：近幾年來，全球的人口急速老年化，所以我們也不可以忽略老年人的焦慮症狀。

Silver：　Dr. May，你不是說過焦慮症在青年、成年人較常見嗎？

Dr. May：人類老化的過程是很複雜的，在生理上及心理上都有明顯的變化。在生理基礎上，老年人神經系統功能衰退，即是神經化學（neurochemical）、神經生理（neurophysiological），甚至結構上都有改變。這些改變都會導致不同的神經精神疾病，如認知障礙、抑鬱症等。

此外，老年人在心理上，也要面對自己的體力、智力、執行力等下降。

經歷退休、親友的離去⋯⋯存在焦慮在長者其實很常見。

Silver：　Dr. May，你可以舉一些例子嗎？

James：我就快要死了！

我自從目睹數年前的社會亂局後，感嘆香港變得亂七八糟，開始失眠，胃口差，情緒變得很低落。我到家庭醫生處，他給我處方了一些抗鬱藥，我的情況有所改善。

只是，最近我感到我的焦慮越來越嚴重，就是吃了安眠藥也不能安睡。還有胸口經常感到麻痹，而這感覺會一直向上蔓

延到頭部，向下蔓延到雙腳；我不斷盜汗，感到很害怕，好像就快要死去一樣。

醫生給我開了鎮靜劑，説我有驚恐症。但我就是服用了藥物，情況也沒有改善。

Dr. May 診症室

「醫生，我丈夫一天到晚往醫院求診，這一個星期，他又去私家醫院做了很多檢查。此外，他也打了多次 999 報警求助，每次被送到公立醫院，留院觀察兩天，然後出院。」James 的太太説。

「你不知道我是多麼辛苦，如今 Covid-19 流行，我也不想到醫院去！但身體的麻痺好像吞噬我，我感到我會死去。」James 對太太有埋怨。

「James 的抑鬱症應該加重了，所以出現了驚恐反應。」我告訴他們。

我着意調整了 James 的抗鬱藥，過了兩個星期，他的焦慮和身體症狀大有改善。

焦慮不已的 James 經常進出醫院

焦慮症與我：
解構、探索、療癒

Paula：我感到很焦慮！

我患上焦慮抑鬱症已經很多年，我今年七十多歲，但我已經服用了超過三十多年的抗抑鬱藥物。

只是我最近感到整天心緒不寧，走路的時候像踏着棉花輕飄飄的感覺。我很怕獨自出門，所以社交生活越來越少。

Dr. May 診症室

「媽媽最近好像不太妥，行路戰戰兢兢的。」Paula 的女兒說。

「我也說不出甚麼，只是覺得很焦慮！」Paula 補充。

「除了這樣，心情有沒有感到低落？」我問。

「我不感到特別低落，只是不安感令我不再繪畫，失去對之前的愛好。」Paula 說。

「不過媽媽胃口和睡眠還可以。」女兒補充。

我叫 Paula 在我面前走了一個圈，我發現她行路慢了，手的擺動也少了。

「對，醫生，媽媽一個朋友最近跟她見面，覺得她表情呆滯，跟她以前不一樣。」女兒靈機一觸說。

我再叫 Paula 伸出雙手，她沒有很明顯的手震和肌肉僵硬。我請她在白紙寫上自己的名字。

「她的字跡跟從前有分別嗎？」我問

「她的字體明顯比之前『縮水』了。」女兒說。

「我相信除了要處理媽媽的焦慮外，我想轉介她看腦神經內科。」我對她們說。

Dr. May 時間

經過一輪的檢查後，Paula 證實患上栢金遜症（Parkinson's Disease）。腦神經內科醫生給 Paula 處方了藥物，我也調整了她的情緒藥物。

Paula 的情況日趨穩定。

我認為 Paula 這幾個月出現的焦慮情緒問題，可以是栢金遜症的神經心理症狀（neuropsychiatric symptoms）。

值得注意的是，老年焦慮症狀，可以與身體其他慢性病的症狀類似：如支氣管發炎、心律不正，甚至肺栓塞等。若是老年人有用藥如一些哮喘藥，其副作用跟焦慮症狀相似。

驚恐症很少首次出現在老年人身上，所以我們一定要弄清楚極度驚恐背後的抑鬱症狀。始終，認知障礙和抑鬱症是老年人較為常見的。

研究報告也顯示焦慮症與酒精濫用、鎮靜劑濫用有關，其中的共病性可高達 25%。這對於老年人來說，也是不容忽視的。

焦慮症與我：
解構、探索、療癒

Paula 的老年焦慮狀況令女兒擔憂

Dr. May 診症室

周身骨痛的金妹

九十多歲的金妹婆婆，是被印尼女傭用輪椅推入診症室的。

「醫生，我不能睡、吃不下，大便也很差！」金妹婆婆説。

「醫生，婆婆在家是不錯的，她白天到公園去坐，下午回家看電視。」女傭姐姐説。

「不對，我很焦慮，還周身骨痛。」婆婆繼續説。

金妹婆婆有高血壓和糖尿病，但全部都控制得很好。雖然已經 90 歲，但記性很好。

我岔開話題，問了金妹的往事。

「婆婆你身處那個年代，應該經歷過很多戰爭？」我問。

「我是在香港出生的，小時候經歷了『香港淪陷』的三年零八個月，那是真槍實彈的日佔時期呢。我家那時經營報紙攤檔，我是大女，幫忙做家務和派報紙。

「結了婚後，我生了五個兒女，婆家對我不好，因為經濟拮据，我經常幫娘家送報紙賺一點零用錢。

「現在兒女出國的出國，結婚的結婚，到底我還是一個孤獨老人。

「幸運的是我趁戰亂時在灣仔買了幾幢房子，有些被政府回收，不過也有升值不少的房產。」婆婆自豪着説。

我看見婆婆雙眼像發光一樣。

焦慮症與我：
解構、探索、療癒

之後，我每次都跟金妹婆婆寒暄問候，也向傭人姐姐叮囑她每天協助婆婆，嘗試跟兒孫們進行視頻對話。

婆婆之後也減少了投訴周身骨痛。

金妹婆婆有焦慮症，我開了一些低劑量的抗鬱藥給她，令她心情和睡眠改善。但她更多的焦慮是屬於存在性的。

金妹婆婆年紀大了，兒孫多在國外，她感到孤單和寂寞。婆婆害怕自己的往事被歲月淹沒遺忘，對她來説，那就是真正的死亡。

第6章 社交焦慮症

Andrew 的社交焦慮症

Andrew 是一個 15 歲的男孩子，性格偏向文靜內向，一直是父母眼中的乖乖仔。

中四那年，Andrew 因為勤奮向學，考得很優秀的成績，得到全班第一！

不過到了中五，Andrew 就不能回校上課，他對父母說：「學校的環境令我感到很焦慮、很窒息！」

我嘗試問 Andrew，他在學校裏是否發生了甚麼事情，有否遭受同學欺凌，因而令他感到害怕、焦慮不安？

Andrew 低下頭來，沉默不語。

我嘗試透過學校社工去深入了解：Andrew 在學校裏有沒有發生過一些特別的事情，令他恐懼上學。

社工經過一番調查後，也沒有甚麼發現：「Andrew 在校內很內向，品學兼優，也沒有被別的同學欺凌。」

沒多久，香港發生 Covid-19 疫症，一度令全港的學校停課。其後雖然復課，也只是透過網上平台授課。

這下子，Andrew 可感到十分高興：他可以順理成章地不用回校上課。Andrew 很喜歡學習，他只是不能回到學校去上課。

根據學校社工的報告：Andrew 在網上的學習，進度非常好。

到了疫症稍為舒緩時，學校逐步復課。這消息令 Andrew 感到

很大壓力，無論怎樣勸告，他也不肯回校，父母見到這個情況，當然感到非常無助，大家都頭痛不已。

有一次社工家訪，發現 Andrew 整天耽在自己的房間，把書本功課很整齊的放在桌子上。

據父母說，每當 Andrew 一緊張起來，整個人就瑟縮枯坐在一角，用厚厚的毛巾包着自己，不肯跟別人説話。

Andrew：我不能回校上課！

其實我之前跟別人相處，是沒有問題的。直至中三那年我成績突飛猛進。那時考第一名的同學挑戰我，看看我中四可否超越她，我好爽快就答應了。當時我心還在想：這挑戰頗有趣！

我之後日以繼夜、夜以繼日地苦讀，我升上中四那學年成績果然是全班第一！我贏了挑戰！

不過不知道為甚麼，我好像突然之間，失去了和別人溝通的能力！社交對我來說，本來好像是走路一樣，都是不假思索的事，但我卻忽然之間不懂得社交，好像不懂走路一樣！

去年中四，我為了贏取全班第一名，發現自己的意志力，已不經不覺地耗盡了！

我現在面對學業，只感覺到猶如無底深潭的壓力！我不能回校上課！

「你在學校究竟害怕甚麼？」我嘗試問 Andrew。

「我不知道，我就是感到很不安，胸口翳悶，十分難受！」Andrew 説。

「我建議你先嘗試放鬆自己，不過始終要學習克服回校的恐懼！」我説。

「我很辛苦、很害怕！」Andrew 説。

「循序漸進，一步一步的回到學校。因為你越是逃避，你的恐懼就像滾雪球一樣，越滾越大！」我説。

「我不想面對恐懼！」Andrew 大叫，接着哭了起來。

「我明白最初是很辛苦的，但這是可以克服的，上學不只是為了你的學業，更為了你將來的全人發展！學校是社會的縮影，今日的你要預備將來面對社會！」我説。

「我不想面對社會，我不要跟人相處！」Andrew 崩堤大哭，咆哮着説。

之後，我慢慢了解到 Andrew 很怕人多的地方，尤其是人多又嘈吵的地方，而學校恰恰就是這樣的一個地方！ Andrew 感到被別人評頭品足，感覺自己好像全身赤裸的展示在人前！

經過幾次的會面，Andrew 被診斷患上社交焦慮症，他同時也有廣泛性焦慮症。

Andrew 很害怕上學

事實上 Andrew 見我的時候，已經有幾個月沒有上課，為了迴避陌生人，他甚至拒絕上補習班和主日學。Andrew 的父母已經無計可施，感到十分沮喪。

「醫生，現在想起來，我真是太疏忽，見到 Andrew 好端端的，沒有留意他早已出現了問題！」Andrew 的媽媽自責得很。

其實 Andrew 來找我時，情況已經是相當嚴重。我告訴 Andrew 的父母，Andrew 的焦慮不可能簡單地藥到病除，他還需要接受臨床心理學家的治療：尤其是他扭曲了的社交認知、安全措施和迴避行為。

我首先建議 Andrew 在生活作息中有恰當調節，例如不要整天耽在房間，出外多點走動、運動。運動可以有效減低 Andrew 的焦慮症狀。

此外，我還處方了血清素給 Andrew，令他的焦慮低落情緒稍為舒緩。

「我不知如何跟人談話！」Andrew 對我説。

「你害怕甚麼？」我問。

「我害怕不知要跟他們説些甚麼？」Andrew 説。

「試試不去想自己要説甚麼，而是專心聆聽別人，減少注意自己心裏的自我對話。到時候，想要説就儘管説，不想説就不必説，Just do it ！

焦慮症與我：
解構、探索、療癒

「別人也有冷場的時候，你觀察一下就留意得到。」我提議。

不過正如大部份的青少年焦慮症，Andrew 需要心理治療的介入：學習呼吸技巧、身體放鬆的方法；以及進行認知行為治療（Cognitive Behavioral Therapy, CBT）：針對每個人焦慮背後扭曲的認知，以及相關的安全措施、迴避行為。

✚ Dr. Leung 治療室

Dr. May 轉介 Andrew 見我，我為他進行認知行為治療。

畢竟他已經有數個月沒有上學，他自己非常懊惱，父母也心急如焚。透過認知行為治療，我幫助他認清自己和身邊事情的看法，從而幫助他改變負面思想和扭曲了的觀念。待改變了思維模式後，他的情緒和行為也會隨之改變。

認知行為治療注重的是幫助患者處理當刻的問題和困難，例如嚴重的焦慮令 Andrew 不能上學。至於 Andrew 怎麼會在中四那年變得不懂得社交，則是後一步要了解和處理的事情。

「由於我在中三成績優異，升上中四那年，老師將我調到精英班。在班裏我沒認識一個同學。每個人都好認真學習，都好專心，只有我不知正在發生甚麼事情。我覺得氣氛很凝重，好像每個人都看着我，對我評頭品足。」Andrew 開始講述他的經歷。

我意識到他有一些認知謬誤和負面思想，這是進行認知行為治療時首先要辨別的。但為了不打斷他的故事，我讓他先繼續說下去。

「我覺得在課室裏越來越難受,同學對我指指點點,就連呼吸也覺得不容易。老師讓我到圖書館自修。就這樣維持了一星期。」他繼續說。

「接下來發生甚麼事情?」我問他。

「班裏的一位女同學在圖書館見到我,問我為甚麼整個星期也不回課室上課。」Andrew 接着說。

「你怎樣回答她?」我好奇地問。

「我當時甚麼也說不出來,整個人突然好像僵化了的,腦裏一片空白。也記不清楚有多久,可能幾分鐘吧。」說到這裏,Andrew 也開始有點不自然。

「她見我沒回答,也便離開了。之後,我嘗試去找社工。校務處職員說社工正在見學生,問我為何不去上課。這時,我整個人崩潰了,衝入洗手間,哭了幾乎一個小時才能平復。從那天起,我就沒辦法再上學了,就連去圖書館也不能。每當想起當日的情形,都會很驚慌,甚至無辦法離開家裏。」Andrew 說到這裏便哭起來。

原來他喜歡畫畫,我就讓他畫畫來穩定情緒。他的情緒穩定後,我邀請他和我一起檢視他的思維。我讓他回想他在圖書館時的情況。

「那位女同學問你為甚麼整個星期也沒有在課室上課時,你是怎麼想的?」我開始認知行為治療。

「我沒想到甚麼。」Andrew 回答。

焦慮症與我:
解構、探索、療癒

我讓他做些深呼吸放鬆練習，並鼓勵他想像慢慢回到圖書館那時。

「我想起了。」Andrew 有些進展，他說：「她像是質疑我一直在圖書館而不回課室上課。她想說我是一個不守規矩的學生、懶惰的學生、反叛的學生，不思進取，只管玩樂，不願付出努力。」

原來 Andrew 有這樣負面的解讀，難怪他回答不了那女同學。校務處職員問他類似問題，他也是同樣的解讀。Andrew 感覺學校裏所有人都批判他，難怪他崩潰了，自此之後再也回不了學校。這是個典型的負面思想影響情緒，繼而影響行為的好例子。

「你有多相信你剛才說的那些想法？」我繼續問。

「100%。」不出我所料，他是非常堅定的相信。

「很好，你這麼堅定相信，一定有不少理由。請問你有甚麼證據支持你的想法呢？」我氣定神閒的問。

他當然找不出甚麼證據來，因為他混淆了客觀事實和個人意見。我給 Andrew 上一個心理教育課，解釋抽象的認知如何影響情緒，繼而影響行為。

「試想你剛踏進學校食堂時，離遠看到幾個同學。他們都立即朝你的方向大笑起來。你是否認為他們是在笑你？你會有甚麼感覺？」

「當然是尷尬，也許有點憤怒。然後我會繼續進入食堂，假裝甚麼也沒有發生，自己一個人坐下來進食。」Andrew 還沒

等我發問完就已經說出了他的感覺和行為。

「同樣的情景，但這次你是想着他們正在講笑話，因為你知道他們是出了名經常搞笑的。感受會不一樣嗎？」我繼續問。

「當然不一樣啦！我會很興奮，說不定會直接走過去，問問他們在講甚麼好笑的。」Andrew 輕鬆的答。

透過這個例子，我向 Andrew 說明：自己的思想和解讀怎樣影響我們的情緒和行為，又如何改變解讀，來改變行為。這就是認知重塑。

我繼續引導 Andrew 檢視當時在圖書館的思想。他逐漸覺察到他當時對女同學和校務處職員的負面解讀都是沒有甚麼證據支持的。如何將這些負面解讀（maladaptive thought）轉化為正面解讀（positive thought）或更實際的解讀（realistic thought），就是認知行為治療的其中一個重要目標。

經過反反覆覆的練習，Andrew 終於領悟到了。

「我明白了。其實我和那位女同學和學校職員的關係都不錯的。我當時無緣無故的就確信她們是在質問我、取笑我，這是完全不成立的。反而，更有可能的是，她們只是擔心我、關心我，想看看有甚麼可以幫助我的。」到這一節治療時，Andrew 終於明白了。我們都很高興到達這個轉捩點。

然後我們繼續探討他每次想到要回學校上課時都總是失控的問題。

「我那以後每次想到要回學校上課時，那位女同學和職員的『質問』就會歷歷在目。我不是肚痛就是頭痛，情緒也失控。

爸爸媽媽也拿我沒辦法，讓我繼續留在家裏學習，卻反而就加強了我的逃避。」Andrew 説得頭頭是道。

「這個就是你的迴避行為（avoidance behavior）。」我提醒他。

Andrew 向我「解釋」他的病情。事實上，他能夠自己理解到這一點，比我告訴他更為有效。

經過反覆練習，Andrew 學會了將負面思想自然地轉化成正面思想。但回校上課還是一個挑戰，畢竟他已經幾個月沒有上課了。

我讓 Andrew 把他的社交焦慮逐一列出來。然後先由焦慮較輕的情況開始，讓他慢慢面對和克服。他先嘗試到人比較多的街道，但到學校門口便離開。待克服了這些焦慮後，又嘗試進入學校操場去。之後再去到校務處見那位職員，又在學校圖書館和那位女同學閒談。經過一段日子後，Andrew 對回到學校，並和他人接觸時產生的焦慮大致已可容忍。

「那麼我幾時可以真正回學校上課？」Andrew 終於主動提問。

我一直沒有説明，就是要等他急起來。現在的他焦慮感已大大降低，動機反而大大提高。他其實是喜歡學習的，只是過去受焦慮的折磨。

「我相信你也準備好了，因為你現在已有足夠的壓力應對技巧（coping strategies）。不如就由上幾節課開始好嗎？」我肯定他的努力。讓他感覺他可以參與決定自己的進度也是重要的。

就這樣，Andrew 用了好幾個星期，先是上幾節課，到最後成功上一整天的課程。

Andrew 一直努力了前後六個月有多，終於能夠正常回校上課，並享受與同學和老師的互動。

Dr. May 時間

甚麼是社交焦慮症？

與人相處，有時候難免會感到害羞、焦慮；倘若程度輕的話，是不會影響我們去做想做的事。但當這害怕焦慮的程度很高，令我們不能從容地去做事、享受生活的時候，它便可能變成了社交焦慮症。

社交焦慮症的患者，在跟別人一起時，會感到十分不安，心裏會擔心以下情況：被其他人在對自己評頭品足；害怕自己會做出一些尷尬、出醜的事情。

Andrew 的情況是感到很不自然，不知道如何跟同學説話，那種怪怪的自我的意識感令他很不安。事實上，他在其他陌生人前説話，也感到很焦慮。Andrew 一直逃避學校和其他令他不安的社交場合。

社交焦慮症的種類

社交焦慮症可分為兩大類：

1. 廣泛社交焦慮症：

焦慮症與我：
解構、探索、療癒

廣泛社交焦慮症患者，在跟別人一起時，會感到十分不安。

患者會感到被別人注意，品評自己的一舉一動，所以不喜歡被介紹給他人認識。有些人甚至不敢進入商店或食肆，不想跟鄰居乘搭同一部升降機。他們會避免在公眾場合飲食。因為感到尷尬而不能使用公共設施，如更衣室、溫習室等。有些時候，即使有需要，亦不敢表達自己，例如在餐廳叫侍應，在小巴上喊停下車等。

有廣泛社交焦慮症的人，對參加宴會派對會感到特別困難，即使最終能夠進入場地，但與他人在一起時，都會感到所有人目光焦點都在自己身上，不少患者感到自己又肥又矮又醜等……筆者眼見不少有社交焦慮症的人，在宴會時要靠酒精飲品才能夠令自己放鬆、投入享受宴會。

至於 Andrew，他就是典型患上廣泛的社交焦慮症的患者。

2. 特定性社交焦慮症：

特定性社交焦慮症的患者，在一些在日常生活中需要成為焦點的場合會受到影響。筆者遇過一個地產經紀，他業績很好，但當他要跟上司和同事作彙報時，就感到心悸和呼吸困難。筆者也遇過一個女士，一知道要在教會做司琴，就會有驚恐發作——心慌和手震。所以有些職業如演員、歌手、老師或組織代表等，都可能有這方面的困擾。

有特定性社交焦慮症者，通常與別人的一般相處是沒有問題的。只是若需要在人前發言或表演時，就會感到非常焦慮，甚至會出現口吃、「發台瘟」腦子一片空白等情況。有些時候，患者完全不能面對公眾說話，甚至簡單提問也做不到。

焦慮症與我：
解構、探索、療癒

社交焦慮症的症狀

兩種社交恐懼症的症狀大致相似，患者發現自己經常擔心於人前出醜，每每在參加自己害怕的社交場合前，都會感到十分緊張：反覆詳細地想像各種有可能令自己尷尬丟臉的情況，也會想着要穿甚麼衣服，該如何面對陌生人等。

他們在這些社交場合中，不能隨意自在地說話或做事。

就是在完成活動後，亦會反覆作「賽後檢討」：擔心自己當時的表現，會否做出尷尬的事，或自己可以做些甚麼不同的事、說些不同的話等。筆者見過不少患者，外出之後都一言不發、懊惱地把自己關在房間裏。

受到這兩種社交恐懼症困擾的人士亦有很多相同的身體症狀。他們可能會感到口乾、出汗、面部發熱、心跳加速、心悸、呼吸急促、尿頻、肚瀉、手指腳趾麻痺或有被針刺的感覺。

其他人亦有可能觀察到患者的焦慮反應，例如：面紅耳熱、流汗、口吃、手震等。這些症狀可能會令患者更加留意自己，感到更驚慌，形成惡性循環，令焦慮情況更嚴重。

因為擔心別人看出自己的緊張，而令到自己真變得真的很緊張，這就是自我預言的實踐（self-fulfilling prophecy）。

看來，原來敵人不是別人，自己過份的擔心，才是真正的敵人。

不少社交焦慮症患者會竭力逃離引致他恐慌突襲的情境

焦慮症與我：
解構、探索、療癒

恐慌突襲

不論是哪一種的社交焦慮症，這些焦慮的感覺都有可能引起恐慌突襲（Panic Attacks）。恐慌突襲通常只是維持數分鐘，但過程中令人感到極度焦慮，害怕自己會失控、失常、暈倒或死亡。極度恐懼在短時間內到達頂點，之後會逐漸地平伏過來，事實上，恐慌突襲並不會真的對身體造成傷害。

不少患者會竭力逃離令他產生這恐慌突襲的情境，為了防止之後的恐慌突襲，患者會迴避相關的社交場合。這個情況，也在 Andrew 身上發生。

社交焦慮症對患者的影響

社交焦慮症可以令到患者感到十分氣餒：其他人輕而易舉的事，自己卻偏偏做不到。Andrew 的父母很擔心他，但 Andrew 自己何嘗不想自己回校上課，畢竟他對學習是有興趣的，他只是感到在課堂上課很大壓力。

筆者發現每當患者的迴避行為持續得越久，患者的無助感和自尊心就越變得低落。Andrew 的情況就正正如此。不少患者都有強烈的抑鬱情緒，甚至患上抑鬱症。此外，筆者也目睹不少患者嘗試用酒精和藥物去減低社交焦慮，而演變成酗酒濫藥等情況。

使社交焦慮症持續的因素

至於引致社交焦慮持續的因素可分為思想方面，以及適應不良的行為和習慣等。

1. 思想

一些誘發焦慮的想法，例如：讓我以 Andrew 為例子，他對自己的要求是：「我要經常看起來聰明及自信。」

而 Andrew 對自己的看法其實是：「我是一個大悶蛋，沒有人真的重視和喜歡自己。」Andrew 往往不經意地判斷別人對自己的看法：「如果別人認識真正的我，他們就會嫌棄我。」

這些想法完全沒有客觀證據，只是 Andrew 自己的臆測。

治療師鼓勵 Andrew 把對自己的看法或心目中的形象寫下來，然後一步步開始去用正確的認知改變它們。

2. 安全措施行為

安全措施行為是指患者身處於一個社交場合時，會做一些事情令自己感到安全及受控的行為，包括：飲酒、逃避跟別人的眼神接觸、不停問別人問題，但不談論個人的事情。

以 Andrew 為例，他就是盡量逃避跟陌生人眼神接觸，希望自己可以消失在人群中。

安全措施令患者始終不能驗證到，即使沒有「它們」，那些想像出來的可怕事情也不會發生。

3. 過份的預測及賽後檢討

患者在參加社交場合的前後，會不停地想着或回顧着社交的情況。其實這樣做只會令自己過份注意放大所謂的「失敗」，加深過份自我審查及自我批評等習慣，這些都會強化維持社交焦慮。

Dr. Leung 時間

有效的治療方法

要幫助社交焦慮症患者有幾種不同的方法，可以因應需要而
獨立或同時使用。

1. 心理治療

認知行為治療

社交焦慮與個人對自己及他人的看法有密切關係。認知行為
治療可以幫助患者去改變對自己或他人的想法。

認知方面，治療師會協助患者去留意：

* 患者慣常對自己作出的規則、假設或預測，這些想法如何引
起患者的焦慮和身體反應。

* 任何形式的安全措施行為

* 習慣性而引發焦慮的思維方式

以 Andrew 為例，他很怕「冷場」：突然好像不知如何跟人説
話，Andrew 覺得自己很失敗：「別人一定覺得我很奇怪，連
話也不會説。」Andrew 因而感到很焦慮。

在認知行為治療中，治療師會協助 Andrew 去傾聽，也去留意
其他人其實亦會有靜默的時候。這個想法合乎現實，亦有助
減低焦慮。治療師亦會協助 Andrew 在日常生活中測試這些想
法。

Andrew 可以開始留意其他人實際上對自己甚麼反應，而不是

Andrew 自己一廂情願的臆測。

治療師先請 Andrew 一面說話，一面想着自己一定要表現得十分聰明及醒目。治療師之後會叫 Andrew 嘗試另一種模式：多傾聽別人，減少內心對話，想說話的時候就說，並留意治療師對他的反應。

治療師也建議 Andrew 把注意力集中在談話內容或要完成的事情上，而不是自己焦慮的身體反應上。

至於那些安全措施行為，對 Andrew 來說就是迴避行為。治療師建議 Andrew 可以由較容易的行為入手，一步步減少這些安全措施——迴避行為。

行為治療：層遞式呈現治療

通常即使人對某一種情況感到十分恐懼，但焦慮的感覺是會隨着時間而減退的。層遞式呈現治療可以幫助患者逐步克服焦慮恐懼。

治療師首先協助 Andrew 嘗試列出所有令他焦慮的情況，然後將它們按不同的焦慮程度排列出先後次序。在治療師的協助下，Andrew 由最輕微的恐懼情況開始：人多的街道、學校門口、操場、社工室、圖書館、課室，直至正式上課。每一個情況，Andrew 需要保持面對這些場景，直到他焦慮有明顯減少為止。然後，他就可以處理下一個情況，如此類推。整個過程分階段進行，直至 Andrew 可以克服到上課的恐懼。

不過一般來說，層遞式呈現治療對大約半數能完成療程的參加者有幫助，但亦有部份參加者中途退出，未能完成整個療程。

焦慮症與我：
解構、探索、療癒

2. 藥物治療

抗抑鬱藥物

假如心理治療成效有限，或患者不願意進行心理治療，或患者的情緒已經十分焦慮抑鬱，便應考慮進行藥物治療。患者可服一種抗抑鬱藥物 selective serotonin reuptake inhibitors（簡稱 SSRIs）。一般來說，藥物在二至三個星期後會開始見效，不過可能要服用長達 12 星期才能發揮全效。

若社交焦慮的症狀好轉， 藥物的劑量可以在往後的數月裏慢慢調減。此外，約有半數使用抗抑鬱藥物的患者在停藥後，情況會再度轉差。

此外 β 受體阻滯劑（beta-blockers）也可以控制緊張時所產生的顫抖。患者可於與人會面或公開發言之前服用，以舒緩因社交而引發的焦慮症狀。

也會使用鎮靜劑（tranquillizers），例如安定（valium）是以前常用於治療焦慮的藥物。但是鎮靜劑只可以間中使用，長期使用不但不能夠幫助患者，還會引致藥物上癮。

長期來看，認知行為治療比單單服用抗抑鬱藥物 SSRIs 有效，也減低停藥後的復發。以 Andrew 的個案來說：他同時服用 SSRIs 和進行認知行為治療，當他的情況一步步改善，他服用的藥物也可以減少，甚至停止。

3. 其他方法

放鬆技巧

對於一些社交焦慮程度較輕的人，參加一些自信或自我肯定的訓練班或許會有幫助。此外，可學習一些鬆弛技巧：呼吸放鬆法、身體放鬆法等，這些技巧能讓自己的焦慮情緒舒緩。（可參考有關書本、YouTube、CD 或 DVD。）

社交技巧訓練

社交技巧訓練可以幫助患者輕鬆及自信地與人相處。訓練包括如何與一個陌生人展開對話：可以與其他人練習技巧，然後獲得反饋，並將練習過程錄像，從錄像實況中了解自己的行為和在別人面前的表現如何。

Dr. Leung 治療室

Tim 的驚恐症

Tim 患上驚恐症，在心理治療方面，我替他進行認知行為治療。事實上，很多研究顯示，認知行為治療對多種的焦慮症和恐懼症都有顯著療效。

在認知方面，我讓 Tim 檢視支持及反對那些自動出現的想法，從而得出較理性客觀的想法，減少恐懼感。

「Tim，我知道你現在很害怕自己駕車，你擔心甚麼？」我開始探討 Tim 在駕駛時經常會浮現的想法。

焦慮症與我：
解構、探索、療癒

「我是否患有重病？萬一我急性心臟病發而暈倒、失救死亡，或者我會引起嚴重車禍！」Tim 說出他的自動化思想。

其實，Tim 也同時犯上了認知謬誤（cognitive distortion）。很多人都有認知謬誤，就是從沒進行過心理治療的人也是。

「Tim，你能告訴我你剛才的思維謬誤是屬於哪一種嗎？給你一點提示：你說害怕駕駛途中會心臟病發，在車上失救死亡，並因此發生嚴重交通意外，變成導致多人死亡的災難啊。」我說。

「我知道了，災難化思想。」Tim 回答。我的提示果然有效。

然後我又嘗試引導他檢視自己的自動化思想有沒有證據支持。沒有的話，可換成更實際的思想，即認知重塑。

Tim 得出以下的想法：「支持我想法的論據有：心跳及呼吸加速可以是某些嚴重疾病，如心臟病的病徵。反對我想法的論點則有：心跳及呼吸加速不一定是患心臟病，實際上暈倒的機會也很低，而暴斃的機會更微了。焦慮恐懼也可以令心跳及呼吸加速的。」Tim 仔細分析自己的災難化自動思想。

最後，Tim 指出一個更客觀的看法應該是：「雖然心跳及呼吸加速可以是心臟病的病徵，但焦慮驚恐也可以有同樣的症狀。駕車時心臟病發死亡，再引致嚴重交通意外的災難，機會率是很微的，不需要我去過份擔憂。

「倒不如先放鬆自己，觀察情況，不要自己嚇自己。」

我也很高興看到 Tim 進步了。

Tim 覺得他駕車一定會出意外

焦慮症與我：
解構、探索、療癒

進行呼吸訓練及肌肉鬆弛練習可令身體放鬆。除了腹式呼吸訓練和漸進肌肉鬆弛練習外，Tim 發覺我教他做的「靠山正念」（Mountain Mindfulness Meditation）特別能幫助他，給他很踏實的感覺。

靠山正念

我請 Tim 跟着做：「你嘗試閉上眼睛，留意你的呼吸。吸氣、1-2-3，呼氣、1-2-3。對了。我注意到你開始放鬆了。

「想像你就是一座大山，很大、很穩固的山。你屹立在這地方已很久很久，都不知有多少個千年了。

「現在是春天，在山上到處都見到生命。樹長出新葉來，花朵盛開，各種昆蟲都在飛舞、爬行。動物正忙於照顧牠們的新生兒，飛鳥從遠方遷徙回來。

「每天都不一樣：有時候雲彩遮蓋了你、有時候下雨、也有時候清涼，當然也有時候和暖，以至陽光普照。從白晝到夜晚，從晚上到早上，你經驗着生命在你周圍。

「逐漸地，日照越來越長了，晚上則越來越短。每一天、每一晚都不一樣。雖然如此，你仍然是屹立不倒，非常堅固的。因為你不斷經驗在你周圍、在你身上發生的改變。……

「當你的心神回到這房間時，你發覺一切改變了，一切的速度都慢了下來。你並不好像以前，要跟着其他生命急促的步伐，因為你很享受有你自己的節奏。……

你現在可以慢慢的打開眼睛。」

其實，不少研究指出，藥物及心理治療其實同樣地有效。但就個別患者而言，若果兩種治療能夠同時進行的話，可能帶來更大的益處，例如可於較短的時間內達至舒緩病徵及減低將來復發的機會等。

焦慮症與我：
解構、探索、療癒

第7章 創傷後壓力症

Silver： Dr. May，我知道全球急速轉變和動盪，令很多人活在焦慮中。你可否談談這現象對人類的影響？

Dr. May：Silver，正如之前所說：焦慮症是遺傳基因和環境壓力下的結果。對於廣泛性焦慮症和驚恐症，發病因素以遺傳基因佔的比重較大，而在創傷後壓力症（也稱為創傷後壓力症候群，Post Traumatic Stress Disorder, PTSD）中，環境壓力反過來成為發病因素的必要條件。

正如你所說，全球越來越重視 PTSD，它對人類的精神健康構成嚴重威脅。當事人在 PTSD 中所經歷的事件，不是一般的壓力，而是對生命有威脅，或生存基本價值觀有強烈震撼力的事件。

在當事人長期無法應付這些事件所引起的負面情緒時，就會引致創傷後壓力症。

據 2020 年一項研究估算，經過 2019 年的社會事件，香港的 PTSD 發病率上升至 12.8%。

Silver： Dr. May，如何界定那些威脅事件？

Dr. May：Silver 我想可分為兩類：

1. 對生命有威脅的包括有：

- 自然災害（例如地震、海嘯）

- 嚴重的意外（例如交通意外）

- 恐怖襲擊（倒如綁架、戰爭、槍械威脅）

- 性暴力或強姦

- 生理及心理虐待

- 嚴重疾病（例如心臟病發作、癌症）

其實經歷過這些威脅，當事人都感到未來不可預見，有強烈的無助感。

2. 對生存基本價值有強烈震撼力的包括有：

- 喪親或喪偶（尤其是意想不到的逝世）

- 被配偶背叛

Silver： 我看就是經歷過這些威脅，也不一定每個人都患上 PTSD。

Dr. May： 說得對，並非所有人在經歷創傷性事件後都會患上 PTSD。

其實 PTSD 的形成，還要考慮這些風險因素：

1. 社會支持（social support）：社會支持對當事人在療癒的過程中，有舉足輕重的幫助；

2. 應對策略（coping strategies）：對於傾向使負面應對策略的人，如不斷的隔離自己，不停的自責和自我質疑，悲觀的想法……這樣子，他們就更容易患上 PTSD；

3. 生理因素：當事人自身的皮質醇水平：較低的人

士有更大機會患上 PTSD。

Silver： 如何決定皮質醇的水平？純粹天生的嗎？

Dr. May： 有部份是天生的，但小孩若在成長期間，受到父母的身體和情緒虐待、忽略等等，也會改變他們日後皮質醇的水平，令到他們更加容易患上 PTSD。

此外，PTSD 正如其他焦慮症一樣，與抑鬱症經常手牽手，彼此有着密不可分的關係。所以若當事人精神病歷中有情緒和焦慮症，他們患上 PTSD 的機會就較高；事實上 PTSD 的共病情況，是很常見的。

跟焦慮症一樣，潛在神經質（neuroticism）傾向較高的人士，比較容易患上 PTSD。

曾經經歷創傷性事件的人，過去的經歷往往會觸發 PTSD。

Silver： Dr. May，PTSD 有甚麼特徵？

Dr. May： PTSD 的核心症狀，包括侵入性思想：患者會不由自主地反覆體驗創傷性事件，如發噩夢、腦海中出現跟創傷性事件有關的影像和回閃（flashbacks）。

此外就是迴避行為：患者經常避免接觸與該創傷事件有關的任何事物。不過越是迴避，有關創傷的焦慮就越來越持續。

有不少患者經常體驗跟其他人疏離的感覺：感情變得麻木、甚至出現離解情況（dissociation），情緒

焦慮症與我：
解構、探索、療癒

基調籠罩着負面情緒，如感到羞恥、自責、罪咎和憤怒。

迴避的結果，患者有過度警覺（hyper-vigilant）的生理反應，尤其對創傷事件相關的事物，反應尤其強烈。

Silver： Dr. May，你最常見到的是甚麼個案？

Dr. May：Silver，我先跟你說 PTSD 個案，然後再講複雜性創傷後壓力症候群（C-PTSD）的個案。我先跟你談談 Mandy！

Mandy：我的日記

「我實在很害怕，那些噩夢，令我不敢睡覺！

「我討厭自己，我是否太笨還是太大意，成為被強暴的對象！

「日間那些回閃令我很害怕，我連公園都不敢再去。到了晚上，我感到疲倦的時候，那個男人的呼喝聲就在我耳邊響起來。我整天都處在驚嚇的狀態。

「我根本不能跟別人說出我的情況，我開不了口。」Mandy 寫在日記上。

幸好 Mandy 有一個知己好友，她比較清楚 Mandy 的情況，鼓勵她找醫生幫忙。

🔍 Dr. May 診症室

我看見 Mandy 的個性由活潑開朗，變得越來越內向退縮。在過往幾個月以來，Mandy 逐步向我說出她的經歷：

「有一天我放工回家，我被一個身材高大的男子拖到公園內，他一邊強暴我，一邊在我耳邊吆喝着我。我非常害怕，整個人像癱瘓了一樣，完全無法抵抗……之後發生的事，我已經不是很清楚。」

「可恨的是，有一些零碎的片段會突然在腦袋閃出：那個男人的氣味，和他說的髒話等。」

Dr. May：Mandy 需要藥物治療，這對於治療 PTSD 的症狀有顯著的功效，尤其是她的失眠、抑鬱和焦慮。但藥物對於回閃和離解症狀沒有太大作用。

Silver：那 Mandy 如何是好？

Dr. May：我要轉介 Mandy 去見臨床心理學家。有一些特定的心理治療，能舒緩 PTSD 的症狀，從而幫助患者克服創傷經歷，走出事件的陰影。

✚ Dr. Leung 治療室

第一節：

「那次強暴後到現在已經超過六個月了，你的生活還有受甚麼影響嗎？」在第一次見 Mandy 時，我讓她說出那次強暴怎樣影響她日常生活。

焦慮症與我：
解構、探索、療癒

「我越來越害怕晚上在街上行走和活動，坐車也是。我必須入夜前回到家裏。」Mandy 説。

「還有甚麼社交活動嗎？」

「週末兩天假期，白天還好，我可以和女性朋友外出。平時上班的日子，我就必須準時收工趕回家。」

「你這份工作還好，可以每天準時收工，不用加班。」

「當然需要加班，只是我不能。有時遇上非常重要的工作必須完成時，我還是要留在公司。只是我一想到收工後已經入夜，就開始焦慮。嚴重時會令我不能集中精神工作。」

「你有做運動的習慣嗎？」

「我以前經常和朋友一起打羽毛球的。可是有些康文署的球場都設在公園內。我很害怕進入公園，白天也是，所以很久沒打了。」

「我知道你有個穩定的男朋友，你們的親密關係有受影響嗎？」

「當然有。每次想有親密行為時，我都會好驚慌，會想起那晚的情景，聽到那些髒話。」Mandy 哭着説。

「看來，你的工作、人際關係、性生活、運動等等日常生活多方面都受到嚴重影響。」我直接的説，希望提高她的改變動機。

Mandy 向 Dr. Leung 述説她的創傷經歷

焦慮症與我：
解構、探索、療癒

第二節：

我跟 Mandy 說：「很多經歷創傷的人都會設法避開一切可能令他／她們回憶起創傷經歷的人和環境，但這樣只會令自己更受創傷所影響。⋯⋯

「我會運用暴露療法（exposure therapy）及認知行為治療（cognitive behavioral therapy），透過創傷敍述治療（trauma narrative）幫你。透過在安全的環境中逐漸重複暴露在創傷裏，你會慢慢發覺創傷導致的情緒反應會逐步降低。我知道這些都不容易，但我會與你同行。⋯⋯

「我需要你做的第一份功課是將當晚的經歷寫下來，由你離開公司開始。你只需要寫事實便可以，你的想法和感受暫時都不用寫。」我清楚交代了為何要 Mandy 這樣做。「我明白你再次回憶起這次創傷時，可能有情緒反應。讓我先教你一些深呼吸放鬆練習。不管在家裏或公司，每次情緒反應高漲時都可運用。」深呼吸放鬆練習很重要，令她感覺自己不會情緒失控。

「你舒適的坐在椅子上⋯⋯周圍的環境讓你感到安全⋯⋯你可以慢慢的閉上眼睛⋯⋯你開始留意自己的呼吸⋯⋯對了，我留意到你開始放鬆下來了⋯⋯」

第三節：

Mandy 在這個星期寫下了她的第一份創傷敍述：

「那天很忙，要趕着完成一份文件給老闆。離開公司時已經十時多。我如常坐車回家，下車後好像平時一樣穿過公園。

那時應該已經十一時多，所以公園很黑暗，也沒有見到甚麼人。

「突然後面有人抿着我的嘴巴，箍緊我頸，把我拉到草叢裏。他打我的頭，使我頭暈。我用力掙扎也沒有用。他又用膠紙貼着我嘴巴。我想大叫也無聲。他又在我耳邊說髒話。我全身乏力，好像整個人癱瘓了似的。然後他……」Mandy 哭了起來，身體有點抖震，明顯不能說下去。

她情緒稍為安定後，我和她一起做深呼吸放鬆練習。

「然後他怎樣？」我鼓勵她完成整個敍述，不要逃避。

「然後他掀起我的……他離開後，我才慢慢從草叢出來……」Mandy 邊哭邊說，好不容易完成整個敍述。

「你今天做得很好。你能把當晚的經歷寫出來，剛才又能複述經過，一定很不容易。我亦留意到你有很大的情緒反應，這些都是正常的，也是預期之內的。」我肯定她的努力。

「今天是很好的開始。我需要你再寫一遍當晚的經歷。這次我想你加入當時的想法和感覺，可以嗎？」

第四節：

Mandy 在這個星期寫下了她的第二份創傷敍述：

「那天很忙，要趕着完成一份文件給老闆。我早就應該跟他說延遲一天交，可是我沒有提出。離開公司時已經十時多。我如常坐車回家，下車後好像平時一樣穿過公園。那時應該已經十一時多，所以公園很黑暗，也沒有見到甚麼人。我很

焦慮症與我：
解構、探索、療癒

少那麼晚還走進公園，我當時就應該知道該馬上回頭改走其他的路。

「突然後面有人抿着我的嘴巴，箍緊我頸，把我拉到草叢裏。我非常害怕。如果我當時馬上大叫，他應該會被我嚇走，至少會有人聽見。他打我頭，使我頭暈。他把我按倒在草地上，我用力掙扎也沒有用。如果我當時再用力一點掙扎的話，應該可以擺脫他。他又用膠紙貼着我嘴巴。我想大叫也無聲。他又在我耳邊說髒話。我全身乏力，好像整個人癱瘓了似的。然後他掀起我的……

「他離開後，我還是很驚慌。不知過了多久，我才敢慢慢從草叢出來，乘的士去醫院急症室。然後姑娘幫我報警……」

Mandy 用了一整節的時間來敘述當晚的經過。我也不時問她當時的想法和感覺。我注意到她在某幾個時間都怪責自己，覺得自己也要負上一些責任，例如若不留在公司加班便不會出事。這樣的負面想法只會令她更自責，更難走出創傷後的困局。但在這次敘述時，我不會挑戰她的想法，目標是讓她盡量的表達和完成敘述。

「這個星期裏，我想讓你寫下這次創傷經歷怎樣改變了你對自己、環境，和將來的想法，怎樣影響了你的生活和人際關係。越詳細越好。」我給 Mandy 功課。

事實上，在認知行為治療期間，給予功課是很普遍的。通常是讓當事人檢視並記錄自己的想法和情緒，也可以是做些行為實驗。給予當事人功課的好處是，讓他/她們習慣檢視自己的想法。

第五節：

「這個世界很危險。沒有人會幫助我。如果我那晚不加班、不到公園的話，這件事就不會發生。不會再有甚麼好事發生在我身上。我永遠都無能力保護自己。我不能相信任何人，不能倚靠任何人，因為我不知道誰會傷害我。我經常要警覺，因為我不知道幾時危險會出現。我男朋友不會再喜歡我，因為我已經不是以前的我。我永遠都要孤獨。我整個人生都被這次創傷毀掉。我不再去那個公園，就不會再想起那次創傷。」Mandy 寫下了很多的負面思想，特別是對自己、世界和將來都充滿了悲觀、危險的想法。難怪她會一直有逃避行為。

第六至九節：

「在這節裏，我會運用認知行為治療和你一起檢視你對自己和周遭的想法。如果我們發現這些想法不值得相信的話，我們何不用認知重塑找出更為實際的想法，以取代那些負面的想法。」我解釋。

「Mandy，你相信你男朋友不會再喜歡你，因為你已經不是以前的你。你有甚麼證據支持你這個想法呢？」她選擇了由這一點想法開始。

「我們約會的次數少了很多。」她想了很久後終於回答。

「還有嗎？」

「我們再沒有親密行為了。」

「還有嗎？」我讓她盡量的想出來。

焦慮症與我：
解構、探索、療癒

她又想了很久：「沒有了。」

「那麼你有甚麼證據是不支持你這個想法的？」

「我們還是有約會的。如果他真的不再喜歡我的話，他可以不再找我。」

「很好。繼續。」我鼓勵她。

之後我還幫助 Mandy 挑戰現在的想法：「你說你們約會的次數少了很多。這個真的是證據嗎？約會少了會不會是有其他原因啊？你現在每天放工後都要馬上回家，入夜後不能在街上逗留，只剩下週末才間中見面。你都幾乎推掉他的約會了，那當然少了很多。」

「至於親密行為也少了很多，會不會也是你自己拒絕了他？你現在一關燈就害怕了。」我繼續的說。這些挑戰當然是 Mandy 從來沒有想過的。

我們最後發現，Mandy 所謂的支持證據都不成立，反倒是有不少證據支持推翻它的。於是她決定以這個新的想法取代自己的謬誤。

「經過這次創傷後，我男朋友還經常的陪伴我，不斷的在我身邊支持我。就算我經常的向他發脾氣，他也沒有離我而去，並沒有因此而嫌棄我，可見他是真心的喜歡我。我之前誤會了他，相信他遲早會離開我。」她現在更為相信這個更正面、更實際的想法。

往後我們還用了數節來幫助 Mandy 把她對自己、環境、世界和將來的負面思想，一一以更正面的想法取而代之。例如：「不

是沒有人會幫助我，反而是我身邊有很多很多朋友、家人和同事都隨時準備幫助我。」……

在第九節結束前，我讓她寫下第三次創傷敍述，下次帶來。

第十至十一節：

Mandy 寫下了第三次創傷敍述：

「那天很忙，要趕着完成一份文件給老闆。我知道老闆真的需要當晚就有那文件和海外客戶傾談。老闆信任我，我也選擇留在公司把文件完成。離開公司時已經晚上十時多。我如常坐車回家，下車後好像平時一樣穿過公園。那時應該已經十一時多，所以公園很黑暗，也沒有見到甚麼人。雖然我很少那麼晚走進公園，但當時我不可能知道有人在公園內埋伏窺視，等候犯案的。

「突然後面有人抿着我嘴巴，箍緊我頸，把我拉到草叢裏。我非常害怕。當時我很想大叫救命，可是我的嘴巴被他用手按着，只能夠發出微弱聲音。當時已經很晚，公園內沒甚麼人聽到我的呼叫。他打我頭，使我頭暈。他把我按倒在草地上，我已用盡氣力掙扎，可是我當時很頭暈，而且他又是男人，比我有力得多，當然無法擺脫他。我知道我可以做的都做了。然後他又用膠紙貼着我嘴巴。我想大叫也無聲。他又在我耳邊說髒話。因為我當時實在太驚慌了，我全身乏力，好像整個人癱瘓了似的，不能再有甚麼反抗。然後他掀起我的衫裙……

「我已經拚命掙扎，還是阻止不了他。他離開後，我還是很驚慌。不知過了多久，但當時就像是永遠一樣。我好像沒有了感覺，不知道自己在哪裏，不知道發生了甚麼事。很久以

焦慮症與我：
解構、探索、療癒

後，我才敢慢慢從草叢出來，乘的士去醫院急症室。然後姑娘幫我報警……後來警察帶我回到公園。我也盡了力帶他們回到案發地點，嘗試找證據。」

Mandy 第三次敍述和之前兩次有明顯分別，情緒反應改善了很多，緊張時也懂得使用深呼吸來放鬆。

第十二節：

Mandy 在最後一節的自我總結：

「這宗案件是對女性的侮辱。

「犯案者多晚以來均在公園內埋伏，等待受害者經過。我多年來每天放工都是這樣經過公園回家，證明是安全的。我曾經因這次創傷而埋怨自己沒有預知有犯案者埋伏。但我沒有可能知道，這不是我的錯。

「我曾經因而對所有人失去信心，害怕晚上在街上。有很長一段時間我甚至不能在公司加班，因為我以為周遭的環境都充滿了危險。我覺得我永遠再沒有能力保護自己。我曾經對一切事情失去了興趣，以為自己會就這樣孤獨一生。

「可是現在我發現，我的這些負面思想都完全沒有根據支持。我有能力保護自己，世界也不是我想像中危險。在同事的陪伴下，我已經可以再次在傍晚時分從公司回到家裏。我相信有一天我會能夠一個人做到。我會繼續努力，直至我的工作能回到以前的正常水平。

「我也曾經對人失去了信心，但我現在發覺，我身邊有許許多多的家人、同事和朋友一直支持我、幫助我。

「我也曾經以為男朋友只是可憐我而沒有離開我。我經常罵他，趕他離開。我後來醒覺他一直對我不離不棄，一直關心着我，就和以前一樣。現在我知道他是真心愛我的，所以我等待着和他一起建立一個美好家庭。

「雖然我間中還有些害怕和焦慮，但我相信只要我繼續努力留意自己的精神狀態、繼續在心理治療時鞏固自己的彈力（resilience），我能預見未來的日子將會比以前更好。感恩。」

這份總結（impact statement），相信是 Mandy 能給自己最好的禮物。在往後的大半年，Mandy 和我仍每隔一個月見面，確保她仍然穩定。

Dr. May：Silver，你知道人類社會的主流，是一夫一妻制。

Silver： 這個我好難明白，但這種情況有它的利弊嗎？

Dr. May：Silver，一言難盡，一夫一妻制令核心家庭穩定下來。夫妻之間的親密關係是排他的，在這互相信任的基礎下，夫婦生兒育女，組織家庭。健全的家庭是社會穩定發展的關鍵。

不過當丈夫背叛了妻子，或是妻子背叛了丈夫，就有可能出現創傷後壓力症。婚姻中的背叛，令被背叛的一方失去之前的安全依附，他／她再不可能信任對方。很多時候，若妻子凡事以丈夫為生活的中心，丈夫的背叛會令她對之後的世界、信念、價值觀，有着天翻地覆的改變。

Silver，我舉 Mable 的例子給你看看。

焦慮症與我：
解構、探索、療癒

Mable：那些影像如夢魘

我從來對丈夫，有着百分之百的信任。

我是一個老師，已經升級到科主任。日常工作的確很忙碌，不過我對家庭也很重視。公餘的時候，我盡量陪伴我的家人。

丈夫是一個工程師，他的業餘愛好是玩獨木舟。我不熟水性，不懂游泳，所以很少陪伴他玩這些水上活動。不過我知他很熱愛，而獨木舟也讓他把日常工作壓力舒緩，所以我也樂意成全他。我自問非常信任他，也給他很多空間。

有一天，我的手提電話忽然收到很多淫穢的相片，而丈夫竟然是主角！之後照片的女主角發給我很多信息：

「你的丈夫其實並不愛你！」

「你根本滿足不到他，你不了解他！」

「你又古板又悶又沒有情趣⋯⋯我才是他的女神！」

我當場嚇呆了，不懂得作任何反應。

我跟校長請了一個星期的假，告訴他家有急事。

經歷背叛之 PTSD

「你為甚麼這樣對我！」我歇斯底里地哭鬧。丈夫卻沉默不言。

他的沉默使我更加抓狂。我好像跟空氣說話一樣。

我吃不下、睡不着,終日以淚洗面。

「太太,對不起!我其實很想了結和這個女人的關係。她是在水上活動認識的,她是一個瘋子⋯⋯

「我承認當初覺得她很性感,自己越了界,『洗濕了頭』,但若我提出分手,她就不斷要脅我!一哭二鬧三上吊⋯⋯」丈夫說。

「你叫我怎樣再相信你?『牛唔飲水唔撳得牛頭低』!我相信我們之間一定發生了問題,才令人乘虛而入。」我對丈夫說。

夫妻兩人進行了幾次的婚姻輔導。

「看來,你先生真心悔過,想跟你繼續在一起。」輔導員說。

不過 Mable 的心情一直都很低落。

Dr. May 診症室

「我的心情持續低落。

「我會為很小的事情動怒,對先生的行為很敏感,也不再放心他去玩獨木舟。

「我睡得很差,經常發噩夢。還會在夢中哭醒。

焦慮症與我:
解構、探索、療癒

「最要命的是我不能制止自己去想那女人發給我的信息。我的腦海經常不由自主出現他們做愛和淫亂的畫面。

「我現在教書也不能夠像以前那樣集中精神。」Mable 說。

我對 Mable 說：「你的情況已經屬於創傷後壓力症，你也有中度的抑鬱症。

「先生的出軌，摧毀了你對他的信任。你失去了夫婦之間的互信和安全感。你對未來充滿懷疑。你一直覺得給先生私人空間是一個賢慧的決定，你也一直認為自己盡心盡力守護着家庭。現在你對這一切都感到很荒謬，好像給現實摑了一巴掌！」

「他一說要出海划獨木舟，我的情緒就崩潰！」Mable 說。

我處方藥物給 Mable，也轉介她見臨床心理學家。

Dr. May 時間

Mable 是一個很努力的人，除了工作家庭之外，她還有佛教的信仰。她每天都做禪修，聽佛教開示。Mable 知道世事無常，她明白自己要原諒丈夫，也要放下瞋心。

不過她懷疑是否因為自己太信任丈夫，太放縱丈夫，才導致他背叛婚姻。一時之間，她很迷惘。

Mable 不由自主的回憶和腦海中不斷出現的影像，屬於 PTSD 的回閃。她對丈夫的言行很敏感，情緒處於戒備和不安狀態，人也很容易躁動。我轉介她見臨床心理學家做治療。

Dr. Leung 時間

思維謬誤與認知行為治療

實證研究顯示認知行為治療對包括抑鬱症的很多心理症狀都非常有效，也當然包括本書所講述的各種焦慮症。

創傷後壓力症也是焦慮症的一種。事實上，認知行為治療是創傷後壓力症的一線治療方法。

認知行為治療師會與參與者同行，鼓勵她們檢視自己的思維模式。有些經歷過創傷的人會將創傷和其他相對地較安全的事情產生連結。很多患者會有各種的思維謬誤（cognitive distortions）。他們可能會產生「整個世界很危險」或「我永遠都沒法忘記」的新信念，也可能是「這次創傷的發生完全是我的責任」。

治療師會和參與者一起找出各種的思維謬誤。以下是一些在患者身上常見的例子：

非黑即白（All or nothing）
例如：我要為這次性侵創傷負上全部責任。

過份泛化（Overgeneralization）
例如：所有的男人都不可靠！

治療師會讓參與者思考這些思維謬誤正怎樣的影響他／她的生活，並協助參與者努力將它們改變成更實際、正面的思想。例如：我只需要為這次性侵創傷負上小部份責任。我答應他的約會並不表示我也必須答應他當晚想佔有我的無理要求。

當患者能更在意也有能力改變自己的負面思維後，創傷後壓力症的症狀也會逐漸減少。

延長暴露療法

延長暴露療法（Prolonged Exposure）是認知行為治療的一種介入策略。實證研究顯示延長暴露療法對於舒緩和減低創傷壓力症的症狀非常有效。創傷後壓力症患者經常躲避一切有機會引致他們回憶起創傷的環境和人、事、物等。可是，慣性的躲避反而加強了他們的恐懼。透過延長暴露療法，患者認識到那些創傷回憶和提示並不如想像中那麼危險和可怕，因此也無須躲避。

延長暴露療法一般是 8-15 節治療，在兩至四個月內完成。治療師會帶領參與者做兩種暴露：通常先是想像暴露（Imaginal Exposure），然後是實景暴露（In Vivo Exposure）。

在想像暴露中，治療師會讓參與者在治療室內慢慢從頭到尾講述創傷的經歷。治療師經常會鼓勵參與者表達她的情緒，包括恐懼、內疚、羞愧等等。有時，治療師會錄音，讓參與者在家裏也能重聽，以減低恐懼感和敏感度。

當治療師發現參與者身心過度刺激時，會引領他們做各種的放鬆練習。

在安全的治療室內，若參與者能通過想像暴露，下一步便是實景暴露。治療師會和參與者商討出一系列地點，從引起輕微到極度的身心反應。然後參與者會從最輕微的開始，自行到選定的地點，並逗留直至身心刺激降低至可接受水平。然後，參與者會在治療室內重溫該次經歷。慢慢，參與者會嘗試另一個實景，直至參與者完成所有任務為止。當參與者連最輕微的地點也不能獨自完成時，治療師會與參與者同行。

讀者可閱讀前文有關 Mandy 被性侵後患上了創傷後壓力症的個案。

眼動脫敏再處理療法

眼動脫敏再處理療法（Eye Movement Desensitization and Reprocessing Therapy, EMDR）是一種很特別的方法，專門治療創傷後壓力症。治療師一般會在幾星期內密集式替參與者進行 EMDR 治療十多次。EMDR 治療師相信創傷後壓力症患者未能適當處理創傷記憶，因而產生壓力症症狀。這些症狀一般包括創傷發生時的情緒、思維、信念、身心感覺。當患者一旦被觸發創傷回憶時，這些情緒和身心感覺也會馬上出現，因而產生創傷後壓力症的症狀。

EMDR 治療最特別的地方，就是治療師會請參與者全神貫注想着創傷的有關經歷。這時，治療師會在參與者眼前快速左右移動手指，並請參與者眼球跟着手指移動。實證研究顯示 EMDR 治療能幫助參與者大大降低對創傷回憶的情緒和身體反應，創傷後壓力症的症狀亦隨之消除。

焦慮症與我：
解構、探索、療癒

第8章 複雜性創傷後壓力症候群

Silver：	Dr. May，你之前提過複雜性創傷後壓力症候群（C-PTSD），你可不可解釋一下？
Dr.May：	複雜性的意思，是指患者不止受到單一次的創傷，而是當事人經歷長期和反覆的創傷。
Silver：	有創傷已經夠慘，還要是長期、反覆多次的創傷！Dr. May，可以舉一些個案作為例子嗎？
Dr.May：	我先舉一個令我很深刻和傷心的個案，再舉一個比較正面的。

Ivy：我是否處身在結界中？

車子駛進尾站，司機叫我下車。我下了小巴，天已經黑了，我感到很恍惚，忽然覺得周圍都很陌生。我感到恐懼和迷失。我不知如何回家。

就這樣，我在路上一直行一直行。不知過了幾多個小時⋯⋯我被送到醫院急症室，醫生把我收到精神科病房去。

「你情緒怎樣？

「你有自殺傾向嗎？

「你有沒有聽到聲音？」

醫生連珠發炮地問我。

焦慮症與我：
解構、探索、療癒

我感到很迷惘，但我的心定下來了，因為在病房，我感到有安全感。

「醫生，我沒有自殺念頭，除了你跟我說話外，我沒有聽到甚麼聲音。」

醫生很快就讓我出院。其實我很希望在病房多待一段時間。

到了門診，我遇到一位女醫生，她也是問我的情緒和睡眠。不知為甚麼，她給我可信任的感覺，這是我第一次跟外人談起我的往事。

我在內地出生，到上中學時，爸爸突然不給我上學，強行把我留在家中。他多次在家強姦我。之後他更和學校說我反叛不聽話，不肯回校上課。我把情況告知媽媽，她一言不發，只是坐在一旁流淚。

結果有一次，我懷孕了！爸爸自行為我墮胎（他是一個醫生）。我實在不能待在家中，有一天我趁全家人都外出，就離家出走。我走到鄉村一個地方，因為太累加上貧血，結果暈倒在地上。

「小姐，你面色很蒼白！你在這裏休息多幾天吧！」屋主跟我說。

屋主是一對善良的農民夫婦。為了不給他們帶來麻煩，我休息了差不多十天後，就決定離開。

幾經辛苦，我到了深圳去工作。在深圳我認識了我的丈夫。丈夫是香港人，沒有多久我就移居香港居住。

在我生了一個女兒之後，發現丈夫外面有女人。丈夫想要兒子，我在不情願的情況下又懷孕了，想不到這時丈夫竟然連家也不回。

我生了兒子後，感到家庭沒有溫暖。我沒有能力照顧孩子，只好把他們都交給奶奶照顧。

我自己一個人住，生活過得渾渾噩噩。我不能同鄰居建立關係，我不時陷入腦袋一片空白的狀態。

有一天丈夫來找我，他在我不情願之下要跟我性交。我突然腦袋裏閃出爸爸小時候對我的強暴，我的意識很迷離。我在桌子上拿起一把刀，就這樣插進丈夫的胸口⋯⋯

Dr. May 時間

Ivy 患上複雜性創傷後壓力症候群，她的情緒調節、受壓能力都受到影響。Ivy 不時陷入意識的改變，如解離狀態。

她缺乏跟人建立關係的能力，而丈夫的冷待和背叛，是在 Ivy 的舊患上灑鹽。

長期和極度壓抑的憤怒，最後終令 Ivy 出現爆炸性的攻擊，令她的渣男丈夫身體嚴重受傷。

焦慮症與我：
解構、探索、療癒

Ivy 不時陷入解離狀態

✚ Dr. Leung 治療室

當一個人面臨身心巨大的威脅，所產生的身體反應和壓力大得沒法承受時，身心創傷的症狀便可能會發生。

Ivy 在中學時期，被本來應該是她最信任的父親多次性侵犯，那種持續多月的恐懼感和無力感，絕對不可能是她能抵受的。之後丈夫的背叛和強迫性行為，讓 Ivy 回閃出當年在家裏被父親性侵的經歷。不同的是，這次她稍為有一點能力保護自己，便隨手拿起刀子來捅向「父親」。Ivy 多次的性侵和創傷都發生在本來應該是每個人最安全的地方——家裏。因此要讓她重拾對周邊環境的安全感是第一個目標。

「在我的治療室內你會感到安全前，我不會讓你講述之前的創傷。否則二度創傷記憶只會像以前一樣，將你瞬間淹沒。」我必須從開始就讓她感受到自己的選擇權。畢竟無助感是回憶黑洞的核心力量。

「好的，其實我也很害怕要再次講那些經歷。每次一個人在家裏想起時，都沒法停止，直至好像要崩潰似的。」Ivy 說出她的害怕。

「放心，就算將來有一天要回到從前時，我也不會讓你一個人回去的。」這種能讓她稍為安心的話是不能吝嗇的。

「改變的第一步在於嘗試用新的技巧來代替過往的習慣。讓我先教你呼吸放鬆練習。……」

每次見面時，我都會和 Ivy 一起做不同的身心放鬆，例如深呼吸放鬆、靜觀、引導式想像等。Ivy 必須感受到每次身心失調時，都有能力剎停情緒漩渦，避免被吸進回憶黑洞裏。

焦慮症與我：
解構、探索、療癒

「Ivy，我希望你嘗試對自己身心失調的觸發點和過程有更好的察覺。每次你大腦的警報系統誤鳴時，你都會馬上進入戰鬥或逃跑狀態。可是，一旦進入這狀態後，你就沒辦法把自己從身心失調抽離，直到你所說的崩潰為止。」我跟 Ivy 解釋她到底發生了甚麼事。

「我自己一個人住，生活過得渾渾噩噩。我不能同鄰居建立關係，也不時陷入腦袋一片空白的狀態。」這是 Ivy 對自己的觀察。原來 Ivy 未能與鄰居建立關係的重要原因，就是她向鄰居借用物品被拒絕後，有時候會發脾氣。

「其實我每次發完脾氣後都會很傷心，只是她們不知道。我亦不知道如何修補和她們的關係。」Ivy 開始對自己的情緒覺察加強了。

「雖然發脾氣能令你當刻好過一點，但卻破壞了你們的關係。既然是這樣，你可以用甚麼情緒來代替發脾氣？」我們分析她發脾氣這個應對方法的好處和代價。

Ivy 的治療總算有進步，她亦開始能用心聆聽自己的內心。可是復原之路還是很漫長的。

Silver： 好悲慘的故事啊！

Dr.May： 現在跟你說一個有 happy ending 的個案。

Fanny：我恨透了媽媽

我英文不好，竟然嫁了個外籍丈夫。

我從不在乎天長地久的愛情。好可能因為言語不通，我懶得跟丈夫爭拗。還有，每逢我看到他深邃的雙眼，我就給他英俊的臉孔融化了，根本提不起勁跟他吵。

我跟這個丈夫結婚，不求深入的了解溝通，也許只是為了動物之間的陪伴和溫暖！

我不懂得愛，我也不知一個被愛的人是怎樣的。因為我在成長過程中，我從來沒有經歷過被愛。

我是媽媽第三段婚姻的孩子。我媽媽年幼時已經被父母賣給老頭子，誕下了三個孩子。她後來跟一個男人私奔去了。不幸的是，那個男人對媽媽又打又罵。媽媽在第二段關係中又生下了兩個兒子。媽媽最後嫁給我的爸爸，我就是這段婚姻中的孩子。媽媽後來知道，爸爸在內地是有家室的。

我和父母的關係冷淡疏遠得很。我上學並不用心，成績很差。不久之後，我還被同母異父的哥哥多次強姦。媽媽知道了也無動於衷。

我恨透了媽媽，我對她的忿怒比哥哥還深。

我做過很多行業，但工作都維持不長，原因是我和同事好像生活在不同的世界，我感到跟他們一起總是格格不入。

我不時有壞情緒，當「它們」襲擊我時，我有不如死了乾淨的衝動。為了分散注意力，我會打防止自殺組織的熱線，一邊傾訴，一邊等待壞情緒突襲的消散⋯⋯

Dr. May 時間

愛霍金的 Fanny

Fanny 的故事，令我感到驚心動魄。

Fanny 患上複雜性創傷後壓力症候群。她長時間承受着生理、心理的折磨、打擊，尤其在成長過程，她跟親人陷入與加害者一種難以脫離的關係，形成 C-PTSD。C-PTSD 最常見的，就是壞情緒的回閃。

在藥物幫助下，Fanny 的壞情緒有改善，她開始學習新的事物：種植、手工等。Fanny 的丈夫是廚師，她晚上會到餐廳幫丈夫忙。

Fanny 最大的長處，是喜歡看書，尤其是科普類：「這些書能帶來我安靜有序的感覺，因為宇宙充滿奇妙！」

我知道她的興趣後感到很意外。

Fanny 的進展很好，她的外籍丈夫我也見過，是一個簡單善良的人。

Fanny 令我驚訝的，是她在情緒和身體創傷之外，還保持着孩子般的初心：對宇宙的好奇，對學習新事物的興趣。

「有一次我想尋死，但想看那本偵探小說的結局，就打消了念頭。」她說。

我不禁想，除了心理和藥物外，Fanny 療癒的契機，就是發揮了她知性的求知慾和好奇心，這就是優勢為本的康復過程。

閱讀科普書為 Fanny 帶來療癒

焦慮症與我：
解構、探索、療癒

要和 Fanny 建立互信的關係並不容易。其實她也試過不少次沒有在約定的時間出現。這也許是她潛意識裏想測試一下我是否一個可信賴的人。畢竟她被她信任的人背叛多次。那種感受當然不易理解。

Fanny 從小到大都不斷經歷情緒忽視（emotional neglect），還有哥哥的多次強姦。她被轉介精神科醫生前，從來沒有向外人提及自己的創傷經歷。其中一個原因就是她無法和人建立讓她有安全感的關係。即使她拿出了勇氣告訴了母親，得來的也只是她的無動於衷。

「我想了很久才決定告訴媽媽。可是，看到了媽媽的無動於衷，我感覺到她告訴我，我的身體並不重要，認命吧。我覺得自己只是別人拿來發洩的工具，用完即棄。我並沒有甚麼價值，我的感受無關重要……」Fanny 願意跟我說出她的感受也是不容易的。

Fanny 經常有強烈的負面情緒出現，甚至讓她有自殺衝動。所以在治療的早期，首要目標就是要她在強烈情緒出現時，學會駕馭它。其中一個方法就是以她身邊環境來再次吸引她的注意力。

「當你能夠專注於觀察眼前的人或事物，就不容易被創傷的回憶黑洞吸進去，重新經驗受創傷時的無力感與恐懼感，即哥哥的性侵犯，因而讓你的身心再度受傷。」我講解這個技巧的重要性。

「每當強烈的負面情緒快將控制了你時，我想你環顧四周……現在請告訴我看到甚麼能吸引你呢？」我開始引導她的視線。

「我看到對面大廈天台上的一棵植物。」她回答。

「很好，請告訴我那棵植物的三個特徵。」

「葉子很綠、樹幹有點粗……」

「我看到雀仔。好像聽到牠們的鳴聲，能感受牠們的輕盈，聞到牠們的氣味。」Fanny很快學會用五種感官來描述周圍事物的特徵。這個應對技巧能讓她被負面情緒所困擾時，一個人仍有能力帶自己逃出回憶黑洞。

處理複雜性創傷個案時，我經常要提醒自己不可急着要她們講述創傷經歷，以免使她們受到二度創傷。這樣她們在離開治療室後，有機會覺得情況更差，當然就不會或不敢回來，變成另一個提前結束的個案（premature termination）。

另一個治療重點是要找出個案在生活中的優勢。Fanny喜愛讀偵探小說和窺探宇宙的奧秘。我經常讓她講述偵探小說的情節。我也會很聚精會神聆聽，很少打斷她。慢慢我們就建立起一種很特別的關係。在這段關係裏，Fanny感覺到安全、穩定，初次感受到自己的價值和重要。這種感受是她在生命裏從沒出現過的。這也是為甚麼她在生活當中未能與人建立開放坦誠的關係，因而和同事一起時都只會覺得格格不入。

有了這段治療室的安全關係和「我也有價值」的經驗後，Fanny便有信心走出她狹窄的生活圈子。後來她也當上了讀故事義工，為小朋友閱讀故事，成為這些也有創傷經歷的小朋友的好朋友。而她亦非常期待每星期的探訪時間。

Fanny逐漸建立起自信，提高處理負面情緒的能力，也漸漸

焦慮症與我：
解構、探索、療癒

學會和別人建立並維繫關係，並在生活中找到自身的價值，再也不是從前那個無關重要的少女。她花了很大的氣力，才克服了恐懼感和無力感，因為她現在知道她也能改變其他有創傷的人的命運。畢竟對於經歷過多次創傷的人，痊癒並不只發生在治療室內。

Kitty：我有情緒的「癲癇」

我是 Kitty，今年差不多 40 歲，剛生了個兒子。作為一個新手媽媽，我感到既興奮又緊張。因為我有一份全職工作，所以放工後我會第一時間看我的兒子。這一年來，我幾乎沒甚麼社交生活。

最近我經常問自己：「我能應付這麼多事情嗎？究竟我有沒有條件和基礎做個好媽媽？」

Dr. May 經常強調：夠好（good enough）的媽媽就是「最好」（perfect），但我怎知自己夠好？

我忘記今次找 Dr. May 是有甚麼事情告訴她。我只記得我的情緒很激動，在那麼的一刹那，甚至想一死了之……但我又完全忘記發生了甚麼事令自己情緒崩潰。

我漸漸記起了，是丈夫對我厭棄的眼神。那一刻我感到既然他討厭我，我乾脆消失在人間算了。

我抓狂了一個晚上，直至我累得睡着了。第二天我情緒平靜下來，如常生活。我工作效率還是挺高的。

這一次複診，我把丈夫也帶來了，因為我對那天晚上的經歷，完全「斷片」！

Dr. May 診症室

Kitty 夫婦一起來和我見面。

「那天晚上，因為太太把雙腳疊在我身上，我被她弄得不舒服，一直躺在床上睡不着，最後我忍不住推她一下，她有點不情願的樣子把雙腳挪開。

「但之後我還是睡不着，便索性隻身走出客廳。太太也跟着出來：她情緒很激動，大哭大叫，甚至衝動得要往窗口跳下去。我是費了九牛二虎之力，才把她穩定下來。」先生説。

「我相信這是壞情緒回閃，太太這個時候，情緒和意識已經分開，她處於解離狀態。」我回應。

「甚麼是情緒回閃？」Kitty 問。

「就如壞情緒突襲，甚至像壞情緒癲癇發作（epileptic seizure）。太太情況應該是童年成長過程受到慢性創傷，形成複雜性創傷後壓力症候群。」我一邊告訴他們，一邊沉思。

我之前給 Kitty 的診斷是產後抑鬱，不過今次我要進一步了解 Kitty 的成長經歷。

焦慮症與我：
解構、探索、療癒

Kitty 的成長經歷造成潛藏心底的創傷

原來 Kitty 的爸爸，在她 8 歲時，突然人間蒸發。之後她的家不到三天兩頭，就有人來敲門追債，大門甚至被淋紅油，走廊盡是她爸爸的大頭照。媽媽扛起了一家人的生活擔子，她到街邊做小販，賣車仔麵。因為 Kitty 的弟弟缺乏家長管教，加入了黑社會，整天在外邊鬧事。Kitty 成為了家中的管家，她盡力督促弟弟，不過弟弟並不領情。

儘管 Kitty 要煮飯、做家務，但她讀書成績很好，最後大學畢業。「我一定要努力讀書，走出這個困局。」

別人都覺得 Kitty 很能幹，但她內心感到很恥辱和自卑：「親戚朋友都看不起我們！」父親的突然離去，Kitty 強烈感到被親人拋棄的傷痛、憤怒和無助。

Kitty 長大後才知道，原來當年爸爸生意失敗，欠下一屁股債躲到內地去。不久之後，他在那邊娶了一個年輕妻子，從此再沒有見過爸爸一面。「我的爸爸被別人的孩子搶走了！」Kitty 對我說。

原來強烈的孤單、無助、忿怒、被拋棄⋯⋯一直隱藏在 Kitty 看似成功的表面下。

「你聽過 *Ghost from the Nursery*（《育兒室的幽靈》）嗎？」我問。

「不知道啊！」夫妻回答。

這是指父母的強烈情緒，容易被孩子某個行為激發，而喚起了埋在潛意識的兒時情緒回憶，當情緒湧出來時，會支配父

焦慮症與我：
解構、探索、療癒

母對孩子的行為。

「不過這一次很特別，不是 Ghost from the Nursery ，而是 Ghost in the Bedroom：丈夫某個行為，被 Kitty 你演繹為一種被否定、被厭惡和被拋棄的情況，於是觸動了你心裏的兒時難堪的回憶，好像幽靈上身一樣，完全沒法理性客觀看整件事，而是被強烈的情緒騎劫了，如同癲癇發作一樣。」我對他們說。聽我這一說，Kitty 偷偷飲泣起來。

Kitty 和丈夫都很積極尋求治療，他們決定一起找社工，做個人和婚姻輔導，不讓「幽靈」來突襲，令她的情緒減少「癲癇發作」。

Dr. Leung 治療室

Kitty 記憶中的第一次創傷事件發生在 8 歲時，爸爸突然從人間消失。那種不明不白，不是當時的她能承受的。不但如此，往後更要面對經常有「大耳窿」（高利貸）上門追債，家庭失去了經濟支柱，以及親戚、朋友、鄰居的閒言閒語。及後 Kitty 和家人得知爸爸欠下巨債而逃跑到內地。但即使他生活稍為安定後，也沒有回來，反而留在內地再婚。

一連串的創傷令 Kitty 感到被拋棄。多年來的恐懼和無力感只是被她壓抑着，但卻沒有消失。反而是潛伏在心底，一直等待着機會入侵她的生活裏。所以那一晚丈夫一剎間的眼神，被 Kitty 解讀為厭棄。她害怕丈夫會像爸爸一樣，突然間拋棄她而銷聲匿跡。兒時的恐懼感一瞬間就使她整個人都崩潰了。身心的過度刺激更令她當場「斷片」，要由丈夫講述當時情況。

Kitty 多年來被遺棄的感覺一直沒有好好處理,只是被她壓抑下去。她以為這樣做可以讓時間沖淡一切,卻反而成了這次發病的伏線。一如其他複雜性創傷壓力症一樣,必須讓個案有各種充份的放鬆練習,令患者在身心過度刺激時能懂得令自己平靜下來。當她有足夠的安全感,才有勇氣去再次經驗自己的創傷。為了處理她這段沒完成的事情(unfinished business),我嘗試用空凳技巧(empty chair technique),引導她說出多年來埋藏在內心最深處的感受。

「你知否一走了之以後,媽媽是多麼辛苦才能養活我們。……你有沒有想過大耳窿每日來追債有多恐怖?……只有媽媽一個人面對……你有沒有想過你這樣消失很不負責任?……」Kitty 這些感受埋在內心最深處已經很久了。只要在她感覺安全的環境下,根本無須我引導她說出來。

「Kitty,我想你現在過來坐這張椅子。現在給你爸爸回應的機會。」她最初當然一臉茫然。

「我當時生意失敗,欠下債務,根本無能力償還。我根本不知該怎麼辦,唯有逃返內地。我心想大耳窿找不到我的話,也只好作罷,沒想過會連累你們。」Kitty 嘗試代入爸爸來解釋。

「……我當時很害怕,也不敢和你媽商量。心想避開一陣子便沒事。我後來才知道我的想法太天真了……我知道媽媽、你和弟弟都辛苦了好多年……是我對不起你們一家人……」(Kitty 扮演)爸爸繼續解釋,並在消失蹤影後第一次說出了「對不起」。

「你既然知道媽媽和我們很辛苦,為甚麼事情過去後也沒有

焦慮症與我:
解構、探索、療癒

回來？你只是為你自己找藉口，你逃避返內地時就已經沒有準備回來⋯⋯不然就不會在那邊再結婚。⋯⋯」Kitty 回到自己的椅子繼續追問。

Kitty 坐在爸爸的椅子上，再說：「不是你這樣想的。我到大陸後其實一直都生活得不太好⋯⋯其實也有想過要回去找你們，我託朋友打聽你們的情況，知道生活非常艱苦。我非常羞愧、內疚，無勇氣回去見你們。你弟弟入了黑社會全是我的錯。我更加無顏面回去，只能一個人繼續在內地混。

「我感到非常孤單寂寞，之後就遇到了現在的太太。她對我很好，很照顧我⋯⋯我不敢再找你們，也不敢奢望你們會原諒我。是我害了你們⋯⋯我唯一的安慰便是知道你很用功讀書，還考上了大學。⋯⋯」

在這次「對話」裏，重點不在辯論，而是 Kitty 有機會把埋藏在心底最深處的話都說出來，把壓抑多年的情緒都釋放出來。當然，Kitty 的複雜性創傷壓力症狀並不會立即全部消失，但對她來說已經大為改善。治療還得繼續。

 精神科醫生如何
看待存在的焦慮

苗延琼

人與動物有甚麼不同？人類會思考。人是先存在了，才開始找尋本質——我為甚麼存在？我是誰？

在 20 世紀初的存在哲學大師海德格與沙特的作品中，我們看到了人存在的荒謬性：我們都是莫名其妙來到這個世界的，就好像「被投擲」的出現。但是，我們往往不甘願接受這樣的命運。我們想為自己的荒謬存在找尋一個答案——透過努力學習和工作，來明白自己是怎麼樣的一個人，能做到甚麼事。根據海德格：「我們被投擲到這個世界，然後，又不斷將自己朝未來投擲出去。」

我在第四章中，敘述了各種個案，當中每個案例，在他們的抑鬱症、焦慮症、人格障礙和酗酒背後，都潛藏着人類底層的「存在焦慮」：死亡、自由（包括意志的選擇和因自由而有的責任）、孤獨、人生的意義（或，無意義）。

在這裏，我們再探討這些焦慮情況，及其蘊藏的意義。

存在的焦慮

我常常對我的病人説：嘗試從焦慮情緒的背後，了解自己、發掘背後帶出的寶貴信息。

焦慮症與我：
解構、探索、療癒

人生在世，難免時不時處身於焦慮不安的狀態中。不少人為了處理焦慮，而發展出自己的生活模式去舒緩它，可是每每在面對生存最底層的焦慮——我們的終極關懷時，人會「設計」出更多的對策：「安全行為」、「強迫性的行為」；不過這些策略在應付存在焦慮時，只能暫時舒緩，反效果是令人更退縮不前，甚至演變成為精神障礙，如強迫性地做一些安全措施、迴避令人不安的情況、用酗酒濫藥去麻醉自己……長遠來說，這些策略只會令人更為焦慮、孤立、感到無意義、心緒不寧，終於陷入困境，對生命充滿迷惘和疑惑！

對人類而言，要赤裸裸地面對存在的焦慮，是一個極大的挑戰，弔詭的是：人們必須接納這深深的不安全感，才能做一個雖不完美，卻是完整的自己。

死亡

我相信死亡是最明顯、也是最常見的存在焦慮。

人類對於死亡的憂慮是巨大且無法控制，如本書中病人 Mary 的情況，她抗拒參與喪禮，也經常浮現死去的人的影像。我曾嘗試引導她面對死亡這存在焦慮，但她都寧以找人作伴、跟人飲茶行山等活動，去分散注意力。

另一方面，死亡的焦慮常常以不同的「偽裝」出現，如病人 David 的疑病症和抑鬱症，以及 Lora 對 Covid 和媽媽的住院，作出超乎理性的情緒和行為反應。

只有 Lora，我可以跟她更深入地探索死亡焦慮。Lora 有這個意識和意願，並開始由信仰中探索「死亡」這人生的終極關懷。

關俊棠神父曾對我說：「我到現在都不能說自己能對死亡有超然的態度。我曾照顧一位臨終的神父，他是我的師父，為人正直，很受人尊敬，在信仰上修養很深。師父自己在瀕死時，也坦白地承認，他面對死亡存有的焦慮。」

很多哲學家都看到，生死是相依的：學習好好生存，就是學習好好死亡；相反，學習好好死亡，就是學習好好生存。

歐文‧亞隆醫生（Dr. Irvin D. Yalom）在治療癌症瀕死的病人時，觀察到死亡的焦慮，往往與其「沒有活出的生命」的總量成正比。

可能正如亞隆醫生所說：死亡令我們覺察到自己的脆弱而且有限，因此我們更加活得深刻和有智慧。

自由

人類的處境，的確存在着很大的無常和不確定性。所以在人類歷史以來，我們對宗教信仰都有來自天性強烈的渴求。

可能為了逃避自由，人往往選擇寧願違背自己的心聲、害怕特立獨行，而選擇跟隨主流文化和價值、人云亦云、隨波逐流。而筆者遇到的 Joyce ，就是希望我能代她去作選擇，免了她的責任。

我相信真正的信仰令人活得有勇氣，能夠面對人生各種的困難挑戰。不過我也見過不少人對宗教、工作、和各種修行儀式等的盲目投入，以至到了一個僵化、強迫性的狀態，為的是讓自己耽在一個保護罩、舒適區中。我想，這也許是一種逃避自由的手法。

孤獨

人際關係中經歷到的孤單，是在日常治療中經常都會遇到的情況。不過除了這之外，還有一個更基本、屬於存在的孤獨：人是獨自誕生在這個世界，也一定會獨自離開這個世界。人人渴望親密，卻終究發現自己就是孤單一人。

正因為人活着太有存在感，而意識到二次元對立的不存在感（存在 VS 不存在）的虛無，因而感到恐懼與焦慮。

孤獨的痛苦──在面對喪偶者來說──尤其深刻：我現在過着沒有甚麼人在意的生活，我可以靜靜地在人世間消失！

正是因為害怕孤獨，以致 Kitty 明知男友不合理，不是真的愛自己，卻任由自己被他踐踏、剝削，抓住他不放！在 Kitty 來說，有個壞的男朋友，總好過孤身一人。

往往因為害怕孤獨，人會耗盡時間心思，去尋覓和保持親密關係，把人際關係看作是存在孤獨焦慮的出路。

我們都需要人際關係的溫暖，只不過我們越害怕被孤立，而把自己放在很低的位置上，委屈自己而對別人千依百順時，人就變得越來越依賴、執迷不悟地容許別人施予自己控制、剝削、操縱甚至暴力，令自己變得自卑自憐，泥足深陷地陷入被拋棄的恐懼中。

害怕孤獨讓人落入關係的陷阱，因恐懼而相互依附，乃至動彈不得，喪失了更多的自己。

治療的出路，可能需要接受孤獨的焦慮，與之和平共處。在這基礎上彼此真實、真誠的相交相知：我們就像不同的小孤

島，我相信愛就是聯繫孤島的海洋，使我們既獨立又彼此相依；或許心靈的平衡點，就存在於這個弔詭的張力中。

無意義

人與動物不同，人會尋求意義。但人往往活在一個荒謬的世界，於是想找出自己在世上的目標、使命。

正如尼采所言：知道為甚麼而活的人，便能生存。意義感令人能忍受苦難，帶來希望。

本書談及的 Matthew 是一個很有才華的人，他感到周圍的人都在隨波逐流，他對人生的營營役役抱着蔑視的態度。Matthew 透過酒精去麻醉自己。

根據亞隆醫生的臨床經驗，人生目標最好迂迴地處理：人最好不要直接追尋目標，而是容許投入一個不斷擴張、令人滿足、自我超越的事情中，讓人在當中感受到意義感和真實性。

佛陀也教導說：直接追尋人生目標並無開導作用，最好就是將自己浸入生命的長河之中，讓這個問題漂流離去。

對不同的人而言，人生意義可包含：享樂主義、利他主義、奉獻、傳承、創造和自我實現等。對我來說，若人生目標是自我超越的（即直指身外的事情或人物），那麼，蘊含對他人的愛、對社會的貢獻及對信仰的委身，人就能獲得更深厚、更強大的意義感。

感想

許多年前，當我還在醫院工作的時候，有一個年輕人問我：「醫

焦慮症與我：
解構、探索、療癒

生，我需要一直把藥吃下去嗎？我的焦慮抑鬱，會否是生命必有的情況，讓我有推動力去改變、成長！」

那個時候，我還不明白這充滿智慧的年輕人心底真正的想法，我仍然堅持西方傳統醫學──把焦慮視為疾病的徵兆。

現在想起來，藥物的確可以減輕症狀，但我們可以再進一步，了解焦慮背後的意義。當然，藥物在有些情況下是重要的，但它也不是所在問題的答案。

事情上，焦慮無處不在，沒有了焦慮，我們就不會那麼有活力和人性化了。面對和接受存在焦慮，可使一個人在生命中做出正面的調適、改變！

存在的焦慮：一種來無影，去無蹤，只有在一個人面對自己的時候，才會在內心深處呼喚你的焦慮！

我們就像不同的小孤島，而愛就是聯繫孤島的海洋。

www.cosmosbooks.com.hk

書名	焦慮症與我：解構、探索、療癒
作者	苗延瓊　梁家揚
繪畫	Ben Lai
責任編輯	林苑鶯
美術編輯	蔡學彰
出版	天地圖書有限公司
	香港黃竹坑道46號
	新興工業大廈11樓（總寫字樓）
	電話：2528 3671　傳真：2865 2609
	香港灣仔莊士敦道30號地庫（門市部）
	電話：2865 0708　傳真：2861 1541
印刷	亨泰印刷有限公司
	柴灣利眾街27號德景工業大廈10字樓
	電話：2896 3687　傳真：2558 1902
發行	聯合新零售（香港）有限公司
	香港新界荃灣德士古道220-248號荃灣工業中心16樓
	電話：2150 2100　傳真：2407 3062
出版日期	2023年2月初版 / 2023年6月第二版·香港